Petite Histoire naturelle en Estampes

DES OISEAUX TERRESTRES ET AQUATIQUES,

Leur nature, moeurs et habitudes.

S

PETITE HISTOIRE NATURELLE EN ESTAMPES.

DES OISEAUX TERRESTRES ET AQUATIQUES.

AUDACE DE L'AIGLE.

Petite Histoire naturelle en Estampes

DES OISEAUX TERRESTRES ET AQUATIQUES.

LE DENICHEUR D'OISEAUX.

PARIS.

A la Librairie pour la Jeunesse, de Bellavoine, Libraire, Quai des Augustins N° 5.

1830.

PRÉFACE.

Le grand succès, si justement mérité, de l'ouvrage intitulé : *Le Cabinet du jeune Naturaliste*, nous a engagés à extraire, des six volumes qui le composent, les principaux articles pour en faire un livre destiné aux enfans, qu'il préparera à des connaissances plus étendues pour un autre âge. Les jolies gravures que nous offrons dans ce recueil plairont infiniment à l'enfance, et l'exciteront à connaître l'histoire des animaux qui s'y trouvent en scène.

Pour la plus grande facilité des familles, nous avons divisé cette petite Histoire naturelle en estampes en trois parties distinctes et séparées. La première contient les quadrupèdes; la seconde, les oiseaux terrestres et aquatiques; et la troisième, les poissons, amphibies, reptiles et insectes.

On peut donc offrir aux enfans

chacune de ces trois parties, à mesure qu'ils prennent goût à ces lectures si intéressantes. Nous sommes persuadés que celui à qui on aura mis entre les mains la Petite Histoire naturelle en estampes, après avoir fait connaissance avec les quadrupèdes, sera très-curieux d'avoir les oiseaux, puis ensuite les poissons; et que, parvenu à cet âge où l'on sent le besoin d'étendre ses connaissances, il voudra lire dans son entier le Cabinet du jeune Naturaliste.

PETITE HISTOIRE NATURELLE
EN ESTAMPES.

DES OISEAUX EN GÉNÉRAL.

Il n'est point de classe parmi les êtres organisés, où la sagesse du Créateur, variée dans ses plans et incomparable dans son exécution, brille d'une manière plus remarquable que dans les différentes espèces d'oiseaux. Leur organisation, leurs habitudes sont admirablement adaptées aux fonctions que chacun d'eux doit remplir. Chaque partie de leur corps semble formée pour traverser les régions aériennes : l'un s'élance par secousses multipliées, tandis que l'autre, se glissant doucement dans l'atmosphère, la fend d'un vol égal et uniforme. Le premier ne fait, pour ainsi dire, qu'effleurer la terre, l'autre s'élève jusqu'aux nuages : tous cependant peuvent, dans leur course, changer de direction avec une promptitude étonnante, et descendre d'une hauteur prodigieuse au lieu qu'ils désirent, avec la même sûreté et la même précision.

Leurs corps sont couverts de plumes, qui servent non-seulement à les préserver du froid et de l'humidité, et à faire éclore leurs petits, mais qui sont encore ce qu'il y a de plus convenable pour le vol; elles sont adhérentes au corps, placées l'une sur l'autre, comme les tuiles d'une maison, et posées de devant en arrière, afin de fendre l'air avec plus de facilité. Un duvet court et extrêmement doux remplit l'espace existant entre la tige de chaque plume, et entretient le corps dans une agréable chaleur. Les ailes sont construites de manière qu'en les frappant en en-bas, elles s'étendent infiniment; les muscles qui les font mouvoir ont été regardés, d'après plusieurs expériences, comme formant la sixième partie du poids du corps entier.

Afin que le plumage de ces animaux ne soit pas continuellement imbibé de l'humidité qui règne dans l'atmosphère, ou qu'il n'absorbe pas la pluie au point que cela nuise au vol, la nature prévoyante les a munis de deux glandes placées sur le croupion, et dans lesquelles il y a toujours une certaine quantité d'huile. Ils en font sortir avec le bec, et s'en servent pour graisser leurs plumes. Les oiseaux qui partagent l'habitation de l'homme, et qui sont presque toujours à couvert, ont moins souvent recours à ce fluide que ceux qui mènent une vie errante et qui sont exposés à l'air; mais les oiseaux aquatiques en ont une telle quantité, que leur chair en contracte quelquefois un goût rance.

L'organe de l'odorat est grand et fourni de nerfs qui rendent ce sens extrêmement fin. On en a une preuve suffisante dans le corbeau, qui distingue sa proie, quoiqu'elle soit à une distance considérable de sa vue.

Les oiseaux n'ont point d'oreilles extérieures, mais seulement une touffe de plumes fines qui couvrent le passage auriculaire, et le préservent de la poussière et des insectes.

Comme ces animaux traversent souvent

les haies et les buissons, leurs yeux sont à l'abri des injures extérieures, ainsi que de la trop grande clarté, par une membrane transparente, qu'ils peuvent baisser et lever à volonté. C'est à travers cette espèce de voile que l'aigle peut fixer le soleil. La vue des oiseaux est évidemment plus parfaite et plus étendue que celle de toutes les autres espèces d'animaux. Les yeux sont aussi proportionnellement beaucoup plus grands dans les oiseaux que dans l'homme et dans les quadrupèdes. Cette perfection leur était non seulement nécessaire, mais indispensable pour leur sûreté et leur conservation. Si la nature, en leur donnant la rapidité du vol, les eût rendus myopes, ces deux qualités eussent été contraires : l'oiseau n'aurait jamais osé se servir de sa légèreté, ni prendre un essor rapide; il n'aurait fait que voltiger lentement, dans la crainte des chocs et des résistances imprévues.

La respiration a lieu dans les volatiles par le moyen de vaisseaux aériens, qui traversent leur corps et qui adhèrent à la surface interne des os. Ces vaisseaux, par leur mouvement, conduisent l'air à travers les poumons, qui sont très-petits et fixés au dos et aux côtes. M. John Hunter, qui a fait beaucoup d'expériences pour découvrir l'usage de cette grande diffusion d'air dans le corps des oiseaux, a trouvé qu'elle servait à empêcher la suspension de la respiration pendant la rapidité du vol.

Le séjour des volatiles est très-varié : on en trouve dans toutes les parties du monde connu, depuis les régions les plus chaudes jusqu'aux plus froides. Il y a plusieurs espèces particulières à certains pays; d'autres sont errantes; quelques-unes, à une certaine époque de l'année, émigrent dans un climat plus convenable à leur tempérament et à leur genre de nourriture.

D'après des observations fondées sur de nombreuses expériences, il paraît que le chant particulier de différentes espèces d'oiseaux est entièrement acquis et n'est pas plus inné que le langage de l'homme. L'effort d'un jeune oiseau pour chanter peut se comparer exactement à celui que fait un enfant pour parler. Au premier essai, on croirait qu'il ne possède pas la moindre disposition; mais à mesure qu'il croît et se fortifie, on entrevoit ce qu'il sera capable de faire un jour.

La nourriture des oiseaux varie selon les espèces. Il y en a de carnivores, d'autres qui se nourrissent de poissons, quelques-uns d'insectes et de vers, et beaucoup de fruits et de grains.

Les nids des oiseaux sont en général construits avec un art surprenant. Ils y déploient un degré de connaissance en architecture qui a de quoi confondre toute la science dont l'homme s'enorgueillit. Le mâle et la femelle s'occupent ensemble de cet intéressant ouvrage; ils vont l'un après l'autre chercher les matériaux qui leur sont nécessaires; de petits bâtons, de la mousse ou de la paille servent ordinairement pour la fondation et l'extérieur : ils emploient ensuite du poil, de la laine ou du duvet d'animaux et de certaines plantes, à la construction d'un lit commode et doux pour leurs œufs, et pour le corps délicat des petits qui doivent éclore. Il est aussi digne de remarque que l'extérieur du nid est presque toujours à peu près semblable, pour la couleur, au feuillage des arbres sur lesquels il est posé, afin qu'il soit moins facilement découvert.

Le moment de la production des petits peut être véritablement regardé comme celui du bonheur pour les oiseaux. Rien, à cette époque, n'égale leur industrie et leur intelligence ; tout entiers aux soins qu'exige une famille, ils ne songent qu'aux moyens de pourvoir à la subsistance commune. Les chanteurs deviennent silencieux, ou du moins ils font entendre leur voix plus rarement; l'attachement qu'ils portent à leurs petits change jusqu'à leurs dispositions naturelles; de nouveaux devoirs leur inspirent de nouvelles inclinations : le plus timide devient courageux quand il s'agit de défendre sa famille. Les oiseaux de proie redoublent, à cette époque, de hardiesse et d'activité; ils apportent dans leur nid leurs victimes encore palpitantes, et accoutument de bonne heure leurs petits à la rapine et à la cruauté. La poule même, devenue mère de famille, n'est plus la même créature; naturellement craintive, et jusque là ayant toujours eu recours à la fuite, elle est héroïque à la tête d'une troupe de poulets; elle méprise le danger, attaque courageusement le chien le plus fort pour défendre sa couvée, et combattrait de même jusqu'au lion.

Après avoir parlé des oiseaux terrestres, nous considérerons les oiseaux aquatiques, qui se divisent en trois classes : les uns destinés par la nature à cingler sur les eaux, d'autres qui doivent seulement vivre sur le rivage, et enfin une race mitoyenne qui participe de la nature des deux autres. Les oiseaux navigateurs-nés et habitans naturels de l'élément liquide, ont le corps arqué et bombé comme la carène d'un vaisseau, et c'est sans doute en contemplant la forme de leur corps que l'homme a tracé celle de ses premiers navires; leur cou relevé sur une poitrine saillante en représente assez bien la proue; leur queue, courte et toute rassemblée en un seul faisceau, sert de gouvernail; leurs pieds larges et palmés font l'office de véritables rames; le duvet épais et lustré d'huile, qui revêt tout le corps, est un goudron naturel qui le rend impénétrable à l'humidité, en même temps qu'il le fait flotter plus légèrement à la surface des eaux. Ceci n'est encore qu'un aperçu des facultés que la nature a données à ces oiseaux pour la navigation : leurs habitudes naturelles sont conformes à ces facultés; leurs mœurs y sont assorties; ils ne se plaisent nulle part autant que sur l'eau; ils semblent craindre de se poser à terre; la moindre aspérité du sol blesse leurs pieds ramollis par l'habitude de ne presser qu'une surface humide; enfin, l'eau est pour eux un lieu de repos et de plaisirs où tous leurs mouvemens s'exécutent avec facilité, où toutes leurs fonctions se font avec aisance, où leurs différentes évolutions se tracent avec grâce. Voyez ces cygnes nager avec mollesse, ou cingler sur l'onde avec majesté; ils s'y jouent, s'ébattent, y plongent et reparaissent avec des mouvemens agréables, de douces ondulations et une tendre énergie qui charment et captivent tous les regards : aussi le cygne est-il l'emblême de la grâce, premier trait qui nous frappe, même avant ceux de la beauté.

La vie de l'oiseau navigateur est plus paisible et moins laborieuse que celle de la plupart des oiseaux terrestres; il emploie beaucoup moins de force pour nager que les autres n'en dépensent pour voler; l'élément qu'il habite lui offre à chaque instant sa subsistance; il la rencontre plus qu'il ne la cherche, et souvent le mouvement de l'onde l'amène à sa portée; il la prend sans fatigue, comme il l'a trouvée sans peine ni travail, et cette vie plus douce lui donne en même temps des mœurs plus innocentes et des habitudes pacifiques. Chaque espèce se rassemble par le sentiment d'un amour mutuel; nul des oiseaux aquatiques n'attaque son semblable, nul ne fait sa victime d'un autre oiseau, et dans cette grande et tranquille nation, on ne voit point le plus fort opprimer le plus faible.

Les oiseaux de rivage ont les pieds divisés; ils sont aussi taillés sur un autre modèle : leur corps grêle et de forme élancée, leurs pieds dénués de membranes, ne leur permettent ni de plonger, ni de se soutenir sur l'eau; ils ne peuvent qu'en suivre les rives : montés sur de très-longues jambes, avec un cou tout aussi long, ils n'entrent que dans les eaux basses où ils peuvent marcher; et au moyen de leur long cou, il cherchent dans la vase la pâture qui leur convient.

Enfin, les oiseaux dont les pieds ne sont qu'à demi-réunis, étant capables de nager et de marcher, composent la troisième classe; ils sont, pour ainsi dire, amphibies, attachés aux limites de la terre et de l'eau, comme pour en faire le commerce vivant, ou plutôt pour former en ce genre les degrés et les nuances de différentes habitudes qui résultent de la diversité des formes dans toute nature organisée. Ces oiseaux font leur nid et pondent leurs œufs sur des rochers inaccessibles, ou les cachent dans les marécages parmi des joncs; les oiseaux de rivage pondent leurs œufs sur la terre, et ne font point de nid; et les oiseaux navigateurs bâtissent de grands nids auprès de l'eau ou dans l'eau même.

L'AIGLE.

L'AIGLE est cité comme le roi des oiseaux, de même que le lion est considéré comme le roi des quadrupèdes; on assure qu'il vit plus d'un siècle. C'est de tous les oiseaux celui qui s'élève le plus haut, et c'est par cette raison que les anciens l'ont appelé *l'oiseau céleste*, et qu'ils le regardaient, dans les augures, comme le messager de Jupiter.

Buffon est de l'opinion que l'aigle a plusieurs conformités physiques et morales avec le lion; sa force, et par conséquent l'empire sur les autres oiseaux, comme le lion sur les quadrupèdes : la magnanimité; il dédaigne également les petits animaux et méprise leurs insultes; ce n'est qu'après avoir été long-temps provoqué par les cris importuns de la corneille ou de la pie, que l'aigle se détermine à leur donner la mort; d'ailleurs il ne veut d'autre bien que celui qu'il conquiert, d'autre proie que celle qu'il prend lui-même : la tempérance; il ne mange presque jamais son gibier en entier, et il laisse, comme le lion, les débris et les restes aux autres animaux. Quelque affamé qu'il soit, il ne se jette jamais sur les cadavres. Il est encore solitaire comme le lion, habitant d'un désert dont il défend l'entrée et l'usage de la chasse à tous les autres oiseaux; il est même plus rare de voir deux paires d'aigles dans la même portion de montagne, que deux fa-

L'AIGLE.

milles de lions dans la même partie de forêt : ils se tiennent assez loin les uns des autres, pour que l'espace qu'ils se sont départis leur fournisse une ample subsistance; ils ne comptent la valeur et l'étendue de leur royaume que par le produit de leur chasse. L'aigle a de plus les yeux étincelans et à peu près de la même couleur que ceux du lion, l'haleine tout aussi forte, le cri également effrayant : nés tous deux pour le combat, ils sont également ennemis de toute société, également féroces, également fiers et difficiles à réduire; on ne peut les apprivoiser qu'en les prenant tout petits; et, de même que le lion, l'aigle n'est jamais assez privé, assez doux, assez sûr, pour ne pas faire craindre ses caprices ou ses momens de colère à son maître. Il a le bec et les ongles crochus et formidables; sa figure répond à son naturel : indépendamment de ses armes, il a le corps robuste et compacte, les jambes et les ailes très-fortes, les os fermes, la chair dure, les plumes rudes, l'attitude fière et droite, les mouvemens brusques et le vol très-rapide. Il enlève les agneaux, les chevreaux, et les emporte dans son *aire;* c'est ainsi qu'on appelle son nid.

Il est arrivé plusieurs fois que des enfans ont été enlevés par ces animaux voraces. Pontoppidan raconte qu'en 1737, dans la paroisse de Norderhougs en Norwège, un enfant d'environ deux ans sortait en courant de la maison de ses parens qui travaillaient près de là dans les champs, lorsqu'un aigle fondit sur lui, et l'enleva à leurs yeux. Anderson dit aussi qu'en Irlande on a vu souvent des enfans de quatre ou cinq ans enlevés par des aigles. Ray raconte que, dans l'une des Orkneys, un enfant de douze mois fut saisi par un aigle, et porté dans son nid à quatre milles de distance; mais la mère, connaissant le lieu, poursuivit l'oiseau dans le nid, où elle trouva son enfant sans aucune blessure, et l'emporta.

Un gentilhomme qui faisait sa résidence dans le sud de l'Écosse, avait, il y a quelques années, un aigle apprivoisé, que le gardien frappa un jour injustement avec un fouet; environ une semaine après cet événement, le gardien, en se baissant pour chercher sa chaîne, tomba; alors l'animal vindicatif, se rappelant le dernier outrage qu'il en avait reçu, se jeta sur son visage avec une telle violence qu'il lui fit une blessure considérable : heureusement que la force du coup jeta l'homme assez loin pour être hors de son atteinte. Les cris de l'aigle alarmèrent, et firent accourir tous les gens de la maison : on trouva le pauvre gardien étendu par terre à quelque distance, aussi étourdi par la frayeur que par le mal; l'oiseau, dans une rage affreuse, frappait des pieds et continuait à crier; enfin, quand tout le monde fut parti, il rompit sa chaîne par la violence de ses efforts, et s'échappa pour toujours.

L'aigle vocifer, espèce nouvellement découverte en Cafrerie, chante toute la nuit, ainsi que le rossignol. Quand le mâle est tué, la femelle peut l'être facilement; car son attachement pour lui est si grand, qu'elle parcourt les environs en gémissant, et vient souvent s'offrir, pour ainsi dire, d'elle-même au fusil du chasseur. Si la femelle périt la première, la douleur du mâle n'est pas aussi romanesque; il se retire sur le sommet d'un arbre élevé, où il ne cesse pourtant pas de chanter; mais il est devenu si prudent, qu'il s'éloigne entièrement du voisinage à la plus légère alarme.

Les historiens de l'antiquité nous disent que le roi Pyrrhus avait élevé un aigle,

LE CONDOR

dont l'attachement devint si vif, qu'après la mort de ce prince, il ne voulut prendre aucune nourriture et mourut de chagrin.

LE CONDOR.

Si la force et la grandeur, unies à la rapidité du vol et à la voracité, méritaient la première place, aucun oiseau n'aurait plus le droit d'y prétendre que le condor, car il possède même à un plus haut degré que l'aigle toutes les qualités, toutes les puissances qui le rendent redoutable, non seulement aux plus petites espèces d'oiseaux, mais aux quadrupèdes et à l'homme même.

Cet animal a dix-huit pieds de vol et d'envergure; le corps, le bec et les serres à proportion aussi grands et aussi forts; le cou nu, et d'une couleur rouge. Dans quelques individus, le dos est bigarré de noir, gris et blanc, et le ventre est d'un rouge écarlate. Le P. Feuillée, voyageur naturaliste, rapporte qu'il tua, dans la vallée d'Ilo au Pérou, un condor dont les ailes avaient, d'une extrémité à l'autre, onze pieds quatre pouces, et les grandes plumes deux pieds deux pouces de longueur. « Je le découvris, dit-il, qui était perché sur un grand rocher; je l'approchai à portée de fusil et le tirai; mais comme mon fusil n'était chargé que de gros plomb, le coup ne put entièrement percer la plume de son parement. Je m'aperçus cependant à son vol qu'il était blessé; car, s'étant levé fort lourdement, il eut assez de peine à arriver sur un autre rocher à cinq cents pas de là, sur le bord de la mer; c'est pourquoi je chargeai de nouveau mon fusil d'une balle, et perçai l'oiseau au-dessous de la gorge. Je m'en vis pour lors le maître, et courus pour l'enlever : cependant il disputait encore avec la mort, et, s'étant mis sur son dos, il se défendait contre moi avec ses serres tout ouvertes, en sorte que je ne savais encore de quel côté le saisir; je crois même que, s'il n'eût pas été blessé à mort, j'aurais eu beaucoup de peine à en venir à bout : enfin, je le traînai du haut du rocher en bas, et, avec le secours d'un matelot, je le portai dans ma tente pour le dessiner. »

Ces animaux gîtent ordinairement sur les montagnes où ils trouvent de quoi se nourrir; ils descendent aussi sur le rivage pour y chercher quelque proie, surtout lorsque quelques tempêtes y jettent quelques gros poissons.

Ulloa, dans son voyage de l'Amérique méridionale, dit : « Je remarquai, sur une montagne voisine de celle où j'étais, un troupeau de brebis dans le plus grand désordre : j'aperçus en même temps un condor fuyant avec un agneau dans ses serres. Lorsqu'il fut à une certaine hauteur, il le laissa tomber, le reprit, et le laissa tomber pour la seconde fois; mais les cris des bergers et les aboiemens des chiens ayant attiré une foule d'Indiens, il abandonna sa proie et s'envola à perte de vue ».

Les voyageurs nous disent que ces oiseaux attaquent les vaches sur le dos desquelles ils se cramponnent pour leur percer la peau avec leur bec, et que deux condors en peuvent tuer et manger une.

LE VAUTOUR.

Le vautour se trouve communément dans les contrées les plus chaudes de l'Europe, de l'Asie et de l'Amérique; il est totalement inconnu en Angleterre. Sa longueur est de quatre pieds et demi, et son poids de quatre à cinq livres pour l'ordinaire. Sa tête est petite, couverte d'une peau rouge, hérissée de quelques poils noirs; le plumage est brun, mêlé de rouge et de vert; les jambes sont d'une couleur de chair sale, et les griffes noires. Son vol est d'une hauteur prodigieuse. Les charognes et les ordures les plus dégoûtantes paraissent être sa nourriture favorite.

A Carthagène, ces oiseaux demeurent sur le toit des maisons, et se promènent le long des rues : ils sont même très-utiles aux habitans, en dévorant les immondices, dont l'affluence extraordinaire rendrait le climat plus malsain qu'il ne l'est déjà. Dans quelques pays, ils rendent un service plus important encore, en détruisant les œufs du crocodile, et arrêtant ainsi la population de ce dangereux animal.

Kolbe dit que ces oiseaux, ou une variété de la même espèce, fréquentent ordinairement les lieux environnant le cap de Bonne-Espérance. « J'ai vu, dit cet auteur, des squelettes de vache, de bœufs et d'animaux sauvages qu'ils avaient dévorés; j'appelle ces restes des squelettes, et ce n'est pas sans fondement, puisque ces oiseaux séparent avec tant d'art les chairs d'avec les os et la peau, que ce qui reste est un squelette parfait, couvert encore de la peau, sans qu'il y ait rien de dérangé; on ne saurait même s'apercevoir que ce cadavre est vide que lorsqu'on en est tout près. Pour cela, voici comment ils s'y prennent : d'abord ils font une ouverture au ventre de l'animal, d'où ils arrachent les entrailles qu'ils mangent, et, entrant dans le vide qu'ils viennent de faire, ils séparent les chairs. »

Les vautours qu'on trouve en Europe demeurent dans des rochers escarpés et inaccessibles, et dans des lieux si solitaires qu'il est très-rare de les y rencontrer. Ils descendent rarement dans les plaines, excepté lorsque la neige et la glace ont banni de leurs retraites tous les animaux vivans; ne trouvant plus rien pour leur nourriture, ils quittent alors leurs rochers, et bravent les périls qu'ils peuvent rencontrer.

On voit à la ménagerie royale, à Paris, plusieurs espèces de vautours, dont un, nommé le roi des vautours, a été donné par monseigneur le duc d'Orléans. La raison, qui lui a fait donner le beau surnom qu'il porte, mérite d'être rapportée. Lorsqu'un couple, composé du mâle et de la femelle qui vivent toujours ensemble, vient s'abattre sur une proie que dévoraient d'autres bandes nombreuses d'une autre espèce, ces bandes s'enfuient, laissant le roi des vautours et sa femelle achever tranquillement leur repas.

Au château d'Olesblo, où naquit le célèbre Jean Sobieski, roi de Pologne, on était parvenu à transformer en coursiers très-dociles deux vautours qu'on attelait à un charriot pour promener les enfans du seigneur polonais propriétaire de ce domaine.

L'AUTRUCHE.

L'AUTRUCHE.

L'AUTRUCHE est un oiseau remarquable par la grandeur de sa taille ; on peut compter sept à neuf pieds depuis le sommet de sa tête jusqu'à terre, à cause de l'extrême longueur de son cou. Sa tête est petite et n'est couverte, ainsi que la plus grande partie de son cou, que de quelques poils çà et là dispersés. Les plumes du corps sont noires et détachées les unes des autres ; celles des ailes et de la queue, d'un blanc de neige, longues et flottantes, se terminent par une pointe de noir. Les ailes sont armées d'aiguillons qui peuvent se comparer aux dards du porc-épic. Les cuisses et les flancs n'ont point de plumes ; les pieds sont forts et d'un gris brun.

Les déserts brûlans et sablonneux de l'Afrique et de l'Asie sont les seuls lieux où se trouvent ces animaux : on les voit souvent en troupeaux si considérables, qu'à quelque distance on croit apercevoir une troupe d'hommes à cheval.

Cet animal, à beaucoup d'égards, diffère du reste des oiseaux : les fortes jointures de ses jambes et de ses pieds lui servent parfaitement bien pour sa défense et pour rendre sa marche plus prompte ; les ailes, et en général toutes ses plumes, ne peuvent l'aider à s'élever de terre ; son dos, de la forme de celui du chameau, est couvert de poil. Comme les quadrupèdes, on le voit, dans les plaines, paître avec le zèbre.

Ces oiseaux causent souvent de grands dommages aux fermiers dans l'intérieur de l'Afrique méridionale, en allant par troupes dans leurs champs, et en détruisant si complètement les épis de blé, qu'on voit quelquefois une étendue considérable de terre sur laquelle il ne reste plus que la paille. Le corps de l'oiseau n'est pas plus haut que le blé; et lorsqu'il mange les épis, il courbe son long cou de manière qu'à une petite distance il ne saurait être aperçu; mais, au moindre bruit, il redresse la tête, et assez généralement il parvient à s'échapper avant que le fermier, qui le guette pour le tuer, ait pu l'atteindre.

L'autruche, en courant, a le maintien impérieux et fier; alors même qu'elle se trouve dans le plus grand danger, elle ne paraît jamais se presser beaucoup, surtout si le vent lui est favorable; car le vent, soufflant dans la direction de sa course, frappe ses ailes, et alors le cheval le plus léger ne pourrait l'atteindre; mais si l'air est calme et chaud, ou si l'autruche a perdu une de ses ailes, il n'est pas difficile de la surpasser.

L'autruche est du petit nombre des oiseaux qui ont plusieurs femelles; on a vu souvent un mâle en avoir deux ou trois, et quelquefois jusqu'à cinq. Les femelles qui sont unies au même mâle déposent tous leurs œufs dans le même lieu, au nombre de dix ou douze par chacune d'elles, confondant ensemble, par ce mélange, leur postérité, adoptant mutuellement les enfans les unes des autres, et, par un instinct admirable, se dépouillant ainsi, pour l'intérêt de la génération future, de toutes les jalousies d'épouses et de mères. Les œufs éclosent tous ensemble, et le mâle les couve à son tour. On a trouvé quelquefois jusqu'à soixante ou soixante-dix œufs dans un seul nid; ils sont regardés, dans le pays, comme un mets d'une grande délicatesse; ils sont si gros, qu'un seul, dit-on, peut suffire pour le repas de deux ou trois personnes. Le temps de l'incubation est de six semaines. Le nid d'autruche ne paraît être qu'un creux, formé par ces oiseaux dans la terre, en la foulant, pendant quelque temps, avec leurs pieds. Les Arabes se servent quelquefois de cet oiseau comme d'un cheval. M. Adanson a vu, au comptoir de Podor, deux autruches encore jeunes, dont la plus forte courait plus vite que le meilleur coureur anglais, quoiqu'elle eût deux nègres sur le dos.

Lorsque ces oiseaux sont apprivoisés, on les voit souvent jouer, sauter, bondir avec une extrême vivacité; mais ils traitent souvent les étrangers d'une manière cruelle: ils s'élancent sur eux avec fureur et les renversent; non contens de voir leurs ennemis abattus, ils les foulent ensuite aux pieds. Leurs griffes sont si fortes, que le docteur Shaw dit avoir vu une malheureuse personne qui, pour avoir été ainsi terrassée, eut le ventre ouvert. Dans le combat, l'autruche fait entendre un sifflement sauvage; son bec s'ouvre et sa gorge s'enfle; sa voix est glapissante lorsqu'elle a vaincu ou mis en fuite un ennemi. Pendant la nuit, son cri est effroyable; il ressemble assez au rugissement du lion ou à celui de l'ours qu'on entendrait dans le lointain.

LE HIBOU.

Cet oiseau a, en général, un pied de longueur; la tête, les ailes et le dos sont tachetés de noir; la poitrine est d'un gris pâle, rayée de bandes presques noires; le tour des yeux est couleur de cendre marqué de brun.

Ce volatile est l'un des plus voraces de l'espèce des chouettes. Le jour, il habite les bois les plus épais; mais à l'approche de la nuit, lorsque plusieurs animaux, tels que les lièvres, les lapins et les perdrix, sortent pour chercher leur nourriture, il commence à devenir actif, et ses déprédations sont étonnantes. A la faveur des ténèbres, il vient dans les fermes et pénètre dans les colombiers, où il commet d'affreux ravages. Il détruit aussi une quantité prodigieuse de souris.

M. Bingley, dans son intéressant ouvrage sur la biographie des animaux, dit qu'en examinant un nid de ces oiseaux, dans lequel il y avait deux petits, on y trouva plusieurs morceaux de jeunes lapins, de levrauts et d'autres petits animaux. On prit la femelle et un petit, on laissa l'autre pour tromper le mâle qui était absent. Le lendemain matin, on trouva dans le nid trois jeunes lapins qu'il avait apportés pendant la nuit.

Ces hibous sont quelquefois hardis et même furieux quand il s'agit de défendre leurs petits, comme le prouve l'anecdote

LE HIBOU

suivante racontée dans le 35e volume du *Magasin du Gentilhomme :* un charpentier, passant à travers un champ dans le voisinage de Glocester, fut tout à coup attaqué par un hibou qui avait son nid près du chemin; il se jetta sur sa tête; l'homme voulut le frapper d'un outil qu'il avait à la main, mais il manqua son coup; l'oiseau furieux l'attaqua de nouveau, et, attachant ses ongles sur son visage, le lui déchira d'une manière affreuse.

Ces animaux, en gonflant leur gorge, poussent un cri qui est très-désagréable. Ils font leur nid dans des arbres creux ou des ruines de bâtimens.

Dans quelques pays, le peuple a la superstition de regarder les hibous comme des oiseaux de mauvais augure et messagers du malheur. Cependant, parmi les anciens, les Athéniens n'adoptèrent pas ce préjugé, et le hibou, très-commun dans plusieurs parties de la Grèce, fut honoré comme l'oiseau favori de Minerve.

Le grand-duc est une espèce presque égale en grosseur à quelques aigles. M. Cronstedt, dans les *Annales de la Société philosophique de Stockholm*, raconte un joli trait qui prouve l'attachement que ces oiseaux ont pour leurs petits. Ce gentilhomme demeura plusieurs années en Sudermanie, dans une ferme située au pied d'une montagne, au sommet de laquelle deux grands-ducs avaient fait leur nid. Un jour du mois de juillet, un des petits ayant quitté le nid, fut pris par un des domestiques de la ferme; on le mit dans un grand poulailler. Le lendemain matin, M. Cronstedt trouva, devant la porte du poulailler, un perdreau tué; l'idée lui vint qu'il avait été apporté par les parens du petit hibou, qui, l'ayant probablement cherché toute la nuit, avaient été attirés par ses cris à l'endroit où il était enfermé. La même attention, ayant été répétée quatorze nuits de suite, confirma son opinion. Le gibier que ces oiseaux apportaient, consistait principalement en perdreaux fraîchement tués. Un jour, on en trouva un qui était encore chaud. On ne vit qu'une fois un petit agneau qui commençait à se gâter, mais il est probable qu'il fut apporté faute de mieux. Monsieur Cronstedt et son domestique veillèrent plusieurs nuits à une fenêtre pour tâcher de découvrir le moment où ces oiseaux déposaient leurs provisions; mais ils ne purent y réussir : il paraît que ces animaux, dont la vue est perçante, guettaient l'instant où personne n'était à la fenêtre.

L'effraie, autre espèce de chouette, en volant fait entendre des cris si aigres et si lugubres, qu'elle en a reçu le nom d'effraie, parce qu'en effet ils sont de nature à répandre la terreur. Elle habite les campagnes solitaires, les toits des églises, les vieilles masures, les bâtimens ruinés, et n'en sort que la nuit pour aller chercher sa nourriture.

Les Chinois et les Tartares-Kalmoucks rendent les plus grands honneurs à cet oiseau, qu'ils croient avoir conservé la vie à Gengis-Kan, le fondateur de leur empire. Ce prince, n'ayant qu'une très-petite armée, fut surpris et mis en fuite par ses ennemis; forcé de chercher une retraite, il se sauva dans un taillis épais et se cacha dans un buisson, sur lequel une chouette vint se poser. Cette circonstance fut cause qu'il échappa à ses ennemis, qui regardaient comme une chose impossible que cet oiseau pût se percher sur un arbre sous lequel un homme aurait été caché. En mémoire de cet événement, les Chinois mirent la chouette au nombre des oiseaux sacrés, et portèrent sur leur tête une de

LE CORBEAU.

ses plumes. Cette coutume est restée parmi les Kalmoucks, pour leurs jours de cérémonie. Quelques tribus ont même une idole de la forme d'une chouette à laquelle ils adaptent de véritables pieds de cet oiseau.

La ménagerie du Jardin du Roi, à Paris, possède plusieurs chouettes et hibous du nouveau monde.

LE CORBEAU.

Le corbeau est un oiseau fort et grand, qui a quelquefois deux pieds de long jusqu'à l'extrémité de la queue; le corps est noir, mêlé de bleu, surtout sur les ailes et la queue; le ventre est brun, le bec fort, dur et crochu à la partie supérieure, les pieds sont armés d'ongles noirs et crochus.

Cette espèce est répandue dans toutes les parties du monde. Insensible aux variations du temps, naturellement fort et intrépide, le corbeau brave la rigueur des saisons; et, tandis que les autres oiseaux sont engourdis par le froid ou affaiblis par la faim, actif et vigoureux, il ne songe qu'à se saisir de sa proie.

Les corbeaux fréquentent les environs des grandes villes, où ils se rendent utiles en dévorant les charognes et autres immondices, qu'ils découvrent de très-loin par l'odorat. Ils ont l'adresse de se tenir toujours assez éloignés pour qu'on ne puisse pas tirer sur eux.

Pris dans le nid et élevé avec soin, le

corbeau devient très-familier, et possède plusieurs qualités qui le rendent extrêmement amusant : actif, curieux et téméraire, il se trouve partout, attaque et chasse les chiens, badine et fait des niches à la volaille; surtout il a grand soin de cultiver l'amitié de la cuisinière, qui, de toute la famille, est la personne qu'il chérit le plus. Mais, sous ces dehors amusans, il cache beaucoup de vices et de défauts : il est naturellement vorace et filou par habitude; il ne se contente pas de dérober au garde-manger ou à l'office de quoi satisfaire sa gourmandise; il vise à des vols plus magnifiques, dont il ne retire d'autre jouissance que d'aller de temps en temps les contempler en secret : lorsqu'il peut trouver l'occasion de dérober une pièce de monnaie, une bague ou une cuiller d'argent, il s'en empare avec adresse et les porte à son trou favori. Le sommellier d'un gentilhomme, trouvant plusieurs cuillers de moins dans son argenterie, et ne sachant à qui attribuer ce vol, aperçut à la fin un corbeau habitué de la maison, qui en emportait une dans son bec; il le guetta et en trouva plus d'une douzaine dans son creux.

Ces oiseaux sont très-nuisibles aux terres cultivées; cependant on a pour eux une sorte de respect populaire, parce que le prophète Élie fut nourri, dans le désert, par l'un d'eux. Cette prévention en faveur du corbeau est d'ancienne date, puisque les Romains eux-mêmes le considéraient comme étant d'une grande importance dans les augures, et que la crainte les portait à l'honorer.

Pline dit qu'un corbeau, qui avait été gardé dans le temple de Castor, s'échappa et se réfugia dans la boutique d'un tailleur, qui fut enchanté de sa visite. Il lui enseigna plusieurs choses, mais particulièrement à prononcer les noms de l'empereur Tibère et ceux de toute la famille royale. Le tailleur commençait à faire fortune par la générosité de ceux qui venaient voir son merveilleux oiseau, quand un voisin, envieux de son bonheur, tua l'oiseau et avec lui anéantit les espérances de son maître. Les Romains crurent nécessaire de prendre le parti de ce dernier : ils punirent celui qui l'avait offensé, et firent à l'oiseau mort des funérailles magnifiques.

La femelle bâtit son nid au commencement du printemps, sur des arbres ou dans des creux de rochers. Elle pond jusqu'à cinq ou six œufs, d'un vert pâle et bleuâtre, marquetés de taches brunes. Elle les couve environ vingt jours, et, pendant ce temps, non seulement le mâle a soin de pourvoir à sa nourriture, mais, lorsqu'elle quitte le nid, il prend sa place.

L'anecdote suivante, racontée par monsieur White, illustre la constance avec laquelle les corbeaux couvent leurs petits : « Au milieu d'un bosquet, près de Selborne, était un chef très-haut, qu'une paire de corbeaux préféraient depuis tant d'années pour faire leurs nids, que l'arbre en avait pris le titre de l'*arbre aux corbeaux*. En vain tous les petits garçons des environs s'efforçaient-ils d'arriver jusqu'aux nids des oiseaux; le tronc de l'arbre, considérablement grossi au milieu par une forte excroissance, les empêchait d'y parvenir : aussi, les oiseaux bâtissaient nid sur nid dans la plus parfaite sécurité. Enfin, le jour fatal arriva, l'arbre fut désigné pour être coupé. C'était dans le mois de février, temps auquel les corbeaux commencent à couver : le bois retentit des coups pesans de la hache et du marteau, l'arbre est prêt à succomber; cependant la courageuse mère n'abandonne point son nid;

elle en est précipitée si violemment, que, quoique son amour maternel eût mérité un meilleur sort, elle tomba sans vie sur la terre. »

LE FREUX.

Le freux est un oiseau de quelque utilité, en ce qu'il détruit les hannetons et les scarabées qui rongent les racines des bonnes plantes; il a une espèce de poche sous le bec, qui s'agrandit, et dans laquelle il dépose la nourriture de ses petits.

Les freux vont par troupes, et quelquefois si nombreuses que l'air en paraît obscurci. Ils habitent les bois qui avoisinent des villes, et souvent choisissent une retraite au milieu de la ville même; ils établissent une sorte de constitution qui en interdit l'entrée aux étrangers, et ne permettent qu'à ceux qui sont nés dans leur enceinte d'y demeurer avec eux. « Je me suis souvent amusé, dit un célèbre auteur, à observer leur plan de police : ma fenêtre donnait sur un bosquet où ils avaient fondé une colonie au milieu de la ville. A l'entrée du printemps, leur retraite, qui avait été déserte pendant l'hiver, ou seulement gardée par cinq ou six, commençait à devenir fréquentée et bruyante. Il est difficile de savoir où ils vont pendant l'hiver, mais au printemps, les jeunes reviennent établir un nid à l'endroit où ils sont nés; ceux des vieux leur servent pour plusieurs années. Il arrive souvent que le jeune cou-

COMBAT DES FREUX CONTRE LES HÉRONS.

ple a fait choix d'un lieu trop près de celui où réside une vieille paire, qui ne se soucie pas d'être incommodée par des voisins : une querelle s'engage, et les vieux sont presque toujours victorieux.

« Le jeune couple, ainsi expulsé, est forcé d'aller se placer à une certaine distance, et quelquefois, au lieu de se donner la peine de construire un autre nid, s'il en trouve un tout fait, non encore occupé, il l'emporte; mais ces vols ne restent jamais impunis. J'ai vu huit ou dix freux venir, dans ces occasions, se jeter tous à la fois sur le nid dérobé et le mettre en pièces. Les jeunes oiseaux sentant la nécessité de travailler avec zèle et probité, au bout de trois ou quatre jours ils ont un nid commode, composé de petites branches, de racines souples, et garni en dedans d'herbe et de mousse. La femelle s'établit sur-le-champ, et, de ce moment-là, les anciens du bosquet la traitent avec la plus grande douceur. »

M. Hutchinson raconte un événement remarquable au sujet de ces oiseaux, et qui eut lieu dans une terre située en West-Moreland. Il y avait deux bosquets attenans au parc, dont l'un servait de retraite à des hérons, qui y venaient couver tous les ans; l'autre était occupé par un nombre infini de freux. Ces deux établissemens furent paisibles pendant très-long-temps. Enfin, au printemps de 1775, on fit une coupe d'arbres dans le bosquet des hérons, et tous les petits y périrent. Les pères et mères, ne voulant pas abandonner ce lieu, essayèrent de s'établir parmi les freux; ceux-ci firent résistance. Après un combat opiniâtre, dans lequel il périt beaucoup d'individus de part et d'autre, les hérons demeurèrent possesseurs de quelques arbres, où ils bâtirent leurs nids sur de nouveaux frais. Le printemps suivant, nouvelle querelle, nouvelle lutte, nouvelle victoire des hérons. Depuis ce moment, la paix parut se rétablir entre eux, et ils vécurent dans une aussi bonne intelligence qu'avant la dispute.

Le docteur Percival, dans ses dissertations, rapporte une anecdote intéressante sur les freux : « Une société nombreuse de freux, dit-il, habitait depuis plusieurs années un bosquet situé sur les bords de la rivière d'Irwel, près de Manchester. Un soir, je m'étais placé vis-à-vis, et je regardais attentivement les différens travaux et les divertissemens de ces animaux : les plus paresseux ou les plus jeunes s'amusaient à se poursuivre, en se pressant les uns sur les autres, et dans leur vol ils faisaient retentir l'air de mille exclamations bruyantes. Au milieu des jeux, l'un des freux attrapa malheureusement l'aile d'un autre avec son bec; le coup avait été brusque et violent; le blessé tomba dans la rivière. Un cri général de douleur se fit entendre. Tous les oiseaux se penchèrent vers leur malheureux compagnon, avec l'expression de l'inquiétude la plus tendre ; peut-être entendit-il le conseil qu'ils lui donnèrent sans doute dans leur langage, car il se ranima et, faisant un effort, il atteignit la pointe d'un rocher. La joie fut alors universelle : mais, hélas! elle fit bientôt place à la consternation; car le pauvre oiseau blessé, en essayant de voler vers son nid, tomba dans la rivière et s'y noya, malgré les cris et les regrets de tous ses frères ».

LE PERROQUET.

LE PERROQUET.

Le perroquet cendré, espèce que l'on apporte le plus communément en Europe aujourd'hui, est à peu près de la grosseur d'un petit pigeon. Sa longueur totale est de vingt pouces; tout son corps est d'un beau gris de perle et d'ardoise, plus foncé sur le manteau, plus clair au-dessus du corps et blanchissant au ventre; une queue, d'un rouge vermillon, termine et relève ce plumage lustré, moiré et comme poudré d'une blancheur qui le rend toujours frais; l'œil est placé dans une peau blanche, nue et farineuse, qui couvre la joue; le bec est noir, les pieds sont gris et les ongles presque noirs. La femelle ne pond jamais plus de deux œufs; elle les dépose dans le creux d'un arbre.

Cet oiseau vient de Guinée et de l'intérieur de l'Afrique; il est supérieur au grand perroquet par la facilité et la promptitude avec laquelle il apprend à parler.

L'espèce de société, que le perroquet contracte avec nous par le langage, est plus étroite et plus douce que celle à laquelle le singe peut prétendre par son imitation capricieuse de nos mouvemens et de nos gestes. Si celles du chien, du cheval ou de l'éléphant sont plus intéressantes par le sentiment et par l'utilité, la société de l'oiseau parleur est quelquefois plus attachante par l'agrément; il recrée, il distrait, il amuse; dans la solitude, il est compagnie; dans la conversation, il est interlocuteur; il répond, il appelle, il jette l'éclat des ris, il exprime l'accent de l'affection, il joue la gravité de la sentence; ses petits mots, tombés au hasard, égayent par les disparates, ou quelquefois surprennent par la justesse. Willoughby parle d'un perroquet qui, lorsque quelqu'un lui disait : « Ris, « Poll, ris », éclatait de rire sur-le-champ, et un moment après s'écriait : « Quelle im-« pertinence! m'ordonner de rire! » Un de ces oiseaux, devenu vieux et infirme ainsi que son maître, était si accoutumé à entendre prononcer ces mots : « Je suis « malade », que, lorsqu'on lui demandait comment il se portait, il répondait en se couchant dans sa cage : « Je suis malade ».

Scaliger dit qu'il en a vu un qui répétait la chanson des Savoyards, en exécutant en même temps leur danse. Rodiginus parle d'un perroquet qui récitait correctement le symbole des apôtres. Dans son *Voyage en Espagne*, le marquis de Langle dit : « J'ai vu à Madrid, chez le consul d'Angleterre, un perroquet qui a retenu une foule de choses, un nombre incroyable de contes, d'anecdotes, qu'il débite, qu'il articule sans hésiter. Il parle espagnol, il écorche le français, il sait quelques vers de Racine, le *Benedicite* et la fable du corbeau. Il a coûté trente louis. On ose à peine suspendre sa cage aux fenêtres : lorsqu'il y est, qu'elles sont ouvertes et qu'il fait beau, ce perroquet ne déparle point; il dit tout ce qu'il sait; il apostrophe tous ceux qui passent (excepté les femmes); il parle politique; en prononçant le mot Gibraltar, il rit aux éclats, on jurerait que c'est un homme qui rit ».

Goldsmith raconte qu'un perroquet appartenant au roi Henri VII, et qu'on laissait toujours dans une chambre dont les fenêtres donnaient sur la Tamise, avait appris plusieurs phrases qu'il entendait répéter tous les jours aux bateliers et aux passagers. Un jour, en jouant sur sa perche, il tomba malheureusement dans l'eau. Il n'eut pas plus tôt connu le danger de sa situation, qu'il s'écria d'une voix forte : « Un bateau, à moi un bateau! vingt livres « sterling pour me sauver! » Un batelier, qui passait par là, se précipita dans l'eau croyant sauver une personne; il ne retira que le perroquet; mais, comme il le reconnut pour celui du roi, il le porta au palais, en réclamant les vingt livres sterling pour sa récompense. On compta cela au roi, qui accomplit la promesse de son perroquet.

Catherine de Médicis avait un perroquet qui retenait tout, répétait tout, parlait et prononçait aussi bien qu'un homme; c'était quelquefois à s'y tromper.

Un gentilhomme avait acheté, à Bristol, un perroquet de cette espèce, qui répétait un grand nombre de phrases et répondait à plusieurs questions; il sifflait très-bien plusieurs airs, et battait la mesure avec une sorte de science; son intelligence était si extraordinaire, que, s'il faisait un faux ton, il se reprenait, recommençait et ne se trompait plus. Sa mort fut annoncée de cette manière dans la gazette du 9 octobre 1802 : « Le célèbre perroquet du colonel O'Kelli vient de mourir il y a quelques jours. Cet oiseau singulier chantait parfaitement bien plusieurs chansons. Il demandait tout ce dont il avait besoin, et donnait ses ordres assez raisonnablement. On ne sait pas précisément quel était son âge, mais il y avait déjà plus de trente ans que M. O'Kelli l'avait acheté cent guinées à Bristol. Des personnes, qui auraient désiré montrer cet oiseau en public, en offrirent au colonel cent guinées par an; mais il y était trop attaché pour accepter cette offre. L'oiseau a été disséqué par le docteur Kennedy et

M. Brooke, et l'on a trouvé les muscles du larynx, qui règlent la voix, considérablement grossis par l'exercice. »

La sœur de M. de Buffon avait un perroquet qui aimait avec fureur la fille de cuisine; il la suivait partout, la cherchait dans les lieux où elle pouvait être, et presque jamais en vain. S'il y avait quelque temps qu'il ne l'eût vue, il grimpait avec le bec et les pates jusque sur ses épaules, lui faisait mille caresses et ne la quittait plus, quelque effort qu'elle fît pour s'en débarrasser; l'instant d'après elle le retrouvait sur ses pas : son attachement avait toutes les marques de l'amitié la plus sentie. Cette fille eut un mal au doigt considérable et très-long, douloureux à lui arracher des cris; tout le temps qu'elle se plaignit, le perroquet ne sortit point de sa chambre; il avait l'air de la plaindre en se plaignant lui-même, et aussi douloureusement que s'il avait souffert en effet. Chaque jour, sa première démarche était de lui aller rendre visite; son tendre intérêt se soutint pour elle tant que dura son mal; et, dès qu'elle en fut quitte, il devint tranquille avec la même affection, qui n'a jamais changé.

L'empereur Basile, voulant faire mourir son fils Léon qu'on avait calomnié, un perroquet sauva la vie au jeune prince, en répétant plusieurs fois par hasard : « Hé« las! mon maître Léon! mon pauvre maî« tre Léon! mon cher maître Léon! » Ces exclamations touchèrent l'empereur; on se jeta à ses pieds dans ce moment; il consentit à revoir son fils, et lui rendit toute sa tendresse.

Alexandre-le-Grand est, dit-on, le premier qui ait fait connaître les perroquets en Europe.

LE MOINEAU.

LE MOINEAU.

La longueur de cet oiseau est de cinq à six pouces; le bec est brun, les yeux couleur de noisette ; le sommet de la tête, le derrière du cou sont cendrés; la gorge et le tour des yeux noirs, les joues blanchâtres, la poitrine et le dessous du corps cendré pâle; le dos, les couvertures des ailes rouge-brun, mélangé de noir ; la queue est brune, bordée de gris et un peu fourchue; les jambes, brun pâle. La femelle n'a point de tache noire sur la gorge, et toutes les couleurs de son plumage sont moins vives.

Le moineau est très-familier, mais si rusé, qu'on a de la peine à le prendre dans les piéges : il ne s'éloigne jamais de nos habitations, et ne sort presque pas de nos jardins et de nos champs. Dans l'état sauvage, sa voix est dure et ne produit qu'un cri désagréable; cependant ce n'est pas faute de moyens, car lorsqu'il est élevé avec la linotte ou le chardonneret, il imite très-bien leur chant.

Ces oiseaux nichent au commencement du printemps, et font leur nid sous les toits des maisons, ou dans des trous de murailles. Néanmoins il y en a quelques-uns qui le placent sur les arbres; ils le construisent avec du foin en dehors et de la plume en dedans; mais ce qu'il y a de singulier, c'est qu'ils y ajoutent une espèce de calotte par-dessus, qui couvre le nid, en sorte que la pluie ne peut y pénétrer, et ils laissent une ouverture pour entrer au-dessous. Il y en a aussi de plus paresseux, qui s'emparent du nid d'autres oiseaux. La femelle pond cinq ou six œufs, d'un blanc rougeâtre, tachetés de brun; elle fait communément trois pontes par an : c'est pourquoi cette espèce est si multipliée.

M. Smellie raconte une anecdote qui prouve l'affection que ces oiseaux portent à leurs petits : « Lorsque j'étais enfant, dit cet auteur, j'enlevai un nid de jeunes moineaux qui était situé à un mille de ma maison; tandis que je l'emportais en triomphe, j'aperçus avec étonnement le père et la mère qui me suivaient en examinant mes mouvemens. L'idée me vint qu'ils pourraient me suivre jusque chez moi et continuer à nourrir leurs petits; avant de fermer la porte, j'élevai le nid vers eux, afin de faire crier les petits. Je les mis sur-le-champ dans le coin d'une cage, que je plaçai en dehors d'une fenêtre. Je choisis une place dans la chambre où je pus examiner ce qui se passerait sans être vu. Les petits demandaient à grands cris leur nourriture; les parens ne les firent pas attendre long-temps; ils arrivèrent bientôt auprès de la cage, ayant de petites chenilles dans le bec, et en donnèrent une à chaque oiseau. Ces soins paternels furent continués pendant long-temps. Lorsque les petits eurent toutes leurs plumes, je pris l'un des plus forts, que je plaçai dessus la cage. Les père et mère ne l'eurent pas plus tôt aperçu, qu'ils firent mille bruyantes démonstrations pour témoigner la joie qu'ils éprouvaient de voir un de leurs enfans délivré de sa prison. Ils l'engagèrent bientôt à les suivre : le petit paraissait le désirer vivement, mais en même temps la crainte de faire un voyage qu'il n'avait jamais entrepris, le retenait. Ses parens redoublèrent leurs sollicitations; enfin, après qu'ils eurent fait plusieurs courses de la cage à une cheminée voisine, pour lui montrer combien c'était une chose facile, le petit s'envola et arriva sain et sauf. Le lendemain, je fis la même expérience pour un autre, ainsi que pour toute la couvée, qui était de quatre oiseaux; je puis encore ajouter que ni les parens ni les enfans ne visitèrent depuis cette cage détestée ».

Nous tirons du recueil des *Animaux célèbres*, l'histoire suivante :

« M. Reynaud, avocat au parlement (père de M. le baron Louis Reynaud, examinateur à l'école polytechnique et inspecteur des études des pages du roi), allait, tous les ans, passer trois mois à sa maison de campagne, à Romainville. Un jour, son épouse rencontra, dans le village, des enfans qui tenaient quatre petits moineaux francs, qu'ils avaient dénichés et qu'ils tourmentaient beaucoup. A l'exemple de Pythagore, qui payait aux oiseleurs le prix des oiseaux qu'ils avaient en cage, afin qu'ils leur rendissent la liberté; à son exemple, dis-je, cette dame, extrêmement sensible et bonne, donna de l'argent aux petits paysans pour délivrer ces moineaux de leurs mains. Elle les emporta dans sa maison, et leur donna à manger, ce qu'ils acceptèrent de bon cœur; mais lorsqu'elle les eut mis dans une cage, ces petits oiseaux s'agitèrent tant pour sortir, qu'elle leur donna sur-le-champ la liberté. Ils s'envolèrent dans le jardin, en face de la fenêtre, se perchèrent sur les arbres, et dès-lors madame Reynaud ne compta plus sur eux.

« Quel fut son étonnement de les voir

revenir, au bout de quelques heures, sur la cage d'où ils étaient partis! On leur donna de nouveau à manger; après quoi ils retournèrent à la promenade jusqu'au soir, qu'ils vinrent retrouver leur cage et y couchèrent. Néanmoins l'un des quatre ne revint pas coucher; on le crut perdu. Le lendemain, les trois oiseaux recommencèrent leur course jusqu'à l'heure du dîner, et ils ramenèrent avec eux le quatrième, qui mangea de bon appétit et continua de venir ainsi dîner avec ses camarades, mais ne revint jamais coucher le soir.

« Le temps approchait où madame Reynaud devait retourner à Paris, et ce retour lui causait une sorte d'inquiétude relativement à ses quatre petits hôtes. Il était bien facile d'emmener les trois qui couchaient dans la cage; quant au quatrième, c'était un indépendant auquel il fallait renoncer. Mais comment agirait-on dans la maison de ville? Il y aurait beaucoup de dangers pour ces pauvres petits moineaux à les laisser en liberté; d'ailleurs les toits et les cheminées de Paris conviendraient-ils à des êtres habitués jusque-là aux arbres et à la verdure des champs? Il n'y avait pas lieu de présumer qu'ils voulussent rester tranquillement en cage : enfin on s'arrêta à l'idée de leur consacrer une chambre entière pour leur demeure. Mais ces oiseaux, renfermés dans cette chambre à Paris, se jetaient continuellement et avec force dans les vitres, et ne voulaient point du tout manger. Leur situation fit trop de peine à leur maîtresse; au risque de les perdre, elle ouvrit les croisées dès le lendemain matin, et leur donna de nouveau liberté entière.

« Les voilà donc partis sur les toits des environs, et pour cette fois on ne comptait plus les revoir. Mais ces oiseaux furent aussi fidèles à Paris qu'ils l'avaient été à la campagne. Il y avait, dans leur chambre, un lustre qu'on avait décoré de plumes de toutes sortes de couleurs; ils vinrent, dès le premier soir, s'y percher comme sur un arbre, et continuèrent ainsi par la suite.

« Ce qu'il y eut de vraiment surprenant, c'est que monsieur l'indépendant, qui n'avait point fait le voyage de la campagne à Paris dans la cage, le fit vraisemblablement à tire-d'aile en suivant dans les airs la même direction que tenait la voiture; car, le lendemain de l'arrivée à Paris, il parut en famille, dès qu'il vit que cette petite famille n'était pas plus esclave en ville qu'aux champs; seulement il ne paraissait que le matin pour manger avec ses camarades, il partait avec eux en promenade toute la journée, et jamais, au retour du soir, il ne les accompagnait.

« C'était vraiment une chose curieuse que l'arrivée de ces petits oiseaux; ils faisaient un tel tapage par leurs cris joyeux, qu'on était toujours instruit de leur retour, lors même qu'on ne les voyait pas. Les voisins les connaissaient aussi bien que leur maîtresse, et dès qu'on les entendait le soir : « Ah! voilà les moineaux de ma-« dame Reynaud qui viennent se coucher », disait-on; et l'on courait aux fenêtres pour leur voir faire leur entrée. Ils voltigeaient pendant quelque temps sur le balcon, en gazouillant à plein gosier; c'était le bonsoir qu'ils semblaient donner aux curieux, de tous côtés attentifs à les regarder; après quoi ils volaient à leur lustre, et tout était calme jusqu'au lendemain matin. On ne saurait croire combien ces petits oiseaux étaient aimés de leur maîtresse. Les personnes de sa société en faisaient souvent leur amusement; tout le voisinage en était dans l'admiration.

« Un soir qu'il se préparait un violent orage, il tardait à madame Reynaud que ses petits hôtes rentrassent au logis; elle les guettait à sa fenêtre; bientôt elle les entendit : cette fois, le quatrième camarade était avec eux; c'était du nouveau. Madame Reynaud se retira à l'écart pour ne point l'empêcher d'entrer, et elle examinait à travers une porte vitrée à quoi il allait se décider. Les trois habitués allèrent droit au lustre, l'autre resta sur le balcon; ses camarades voltigeaient du lustre à la fenêtre, comme pour l'engager à venir auprès d'eux. L'orage éclata; la pluie tombait par torrens, et le tonnerre grondait d'une manière effroyable. Les trois oiseaux, perchés sur le lustre, appelaient de toute leur force leur entêté de camarade; enfin il se décida à entrer dans la chambre, vola sur le lustre et passa la nuit auprès d'eux. Sans doute qu'il se trouva bien du gîte; car, à compter de ce jour, il revint exactement chaque soir coucher à la maison.

« Peu de temps après, l'un des oiseaux tomba malade, et tous les soins de sa maîtresse ne purent lui conserver la vie. Les trois autres oiseaux, s'imaginant sans doute qu'on leur avait enlevé leur camarade, ne pouvaient plus voir madame Reynaud sans entrer en colère; ils voltigeaient autour de sa tête en criant avec force et en cherchant à lui donner des coups de bec. Elle s'avisa d'acheter un oiseau semblable à celui qui était mort; et, lorsque les trois habitués furent endormis sur leur lustre, elle y percha son nouvel hôte. Mais elle fut obligée de le retirer de la société dès le lendemain; les trois anciens ne prirent point le change sur ce nouveau compagnon; ils ne voulurent point l'admettre dans la famille, et le maltraitèrent au point qu'il lui resta à peine quelques plumes.

« Le 15 d'août, plusieurs personnes qui étaient venues voir madame Reynaud, et à qui elle avait parlé de ses oiseaux, attendaient avec curiosité l'instant de leur arrivée. Mais l'heure habituelle se passa, la nuit vint, et les trois petits coureurs ne parurent point. On concevra facilement l'inquiétude de leur maîtresse : qu'étaient devenus ces pauvres petits? ne leur était-il point arrivé de malheur? quelques chats ne les avaient-ils point croqués? Pendant plusieurs jours, on ne songea qu'à eux; on s'informa dans tout le quartier : point de nouvelles. Une semaine, deux semaines se passèrent : « Pauvres petits malheureux! « ils sont perdus pour moi; je ne les verrai « plus », disait leur maîtresse.

« Dans le mois de septembre, pendant qu'on était à dîner en compagnie, deux oiseaux entrèrent dans la salle et vinrent se placer sur l'épaule de madame Reynaud. Quelle fut sa surprise en reconnaissant en eux deux de ses petits amis! On guetta, on appela en vain le troisième; il n'était point du voyage. Toute la société fêta le retour des deux fugitifs; sans doute la moisson ou les amours avaient causé leur absence.

« Ici-bas il n'est point de plaisir sans peine. Ce retour avait fait éprouver une joie bien douce; elle fut de courte durée. M. et madame Reynaud allaient, cette année, à Mortagne, au Perche : c'était un voyage trop long pour emmener en cage nos deux fidèles; il fallut donc leur dire adieu. On laissa des provisions; on recommanda aux domestiques de les soigner comme avait coutume de le faire leur maîtresse; elle conservait l'espoir de les trouver à son retour. Mais, du moment qu'ils ne la virent plus, ils cessèrent de revenir le soir. Ce voyage de Mortagne fut cause qu'elle les perdit tout-à-fait. »

L'AGAMI.

Cet oiseau a vingt-deux pouces de longueur; les jambes ont cinq pouces de hauteur et sont couvertes de petites écailles qui s'étendent jusqu'à deux pouces au-dessus du genou; le plumage en général est noir; la tête, ainsi que la gorge et la moitié supérieure du cou, en dessus et en dessous, sont revêtues d'un duvet court et très-doux au toucher; la partie antérieure du bas du cou, ainsi que la poitrine, sont ornées d'une belle plaque de près de quatre pouces d'étendue, dont les couleurs éclatantes varient entre le vert doré, le bleu et le violet; les ailes sont noires, ainsi que la queue, qui est très-courte et dépassée par les couvertures supérieures; les pieds sont verdâtres; le bec, d'un jaune vert, ressemble parfaitement à celui des gallinacées.

Le caractère le plus remarquable de ces oiseaux consiste dans le son singulier qu'ils ont la faculté de faire entendre sans ouvrir le bec; ce son équivoque, qui ressemble au roucoulement des pigeons, est quelquefois précédé d'un cri sauvage.

L'agami s'apprivoise facilement et s'attache toujours à son maître ou à son bienfaiteur. « Je l'ai éprouvé moi-même, dit M. Vosmaër, en ayant élevé un tout jeune; lorsque le matin j'ouvrais sa cage, cette caressante bête me sautait autour du corps, les deux ailes étendues, trompettant (c'est

L'AGAMI.

ainsi que plusieurs croient devoir exprimer ce son), comme si, de cette manière, il voulait me souhaiter le bonjour. Il ne me faisait pas un accueil moins affectueux quand j'étais sorti et que je revenais au logis : à peine m'apercevait-il de loin, qu'il courait à moi, quoique j'arrivasse en bateau; et, en mettant pied à terre, il me félicitait de mon arrivée par les mêmes complimens, ce qu'il ne faisait qu'à moi seul en particulier et jamais à d'autres. »

Si l'on garde un agami dans la maison, il prend, dans le commerce de l'homme, presque autant d'intérêt relatif que le chien, et l'on assure que, dans plusieurs parties de l'Amérique, on l'emploie à des fonctions domestiques, et qu'on lui confie la garde et la conduite de plusieurs jeunes oiseaux de basse-cour, et même de troupeaux de moutons, qu'il accompagne dans les pâturages et qu'il ramène le soir à l'habitation.

« Presque tous ces oiseaux, dit M. de la Borde dans une lettre adressée à M. de Buffon, prennent à tic de suivre quelqu'un dans les rues ou hors de la ville, des personnes même qu'ils n'ont jamais vues : on a beaucoup de peine à s'en débarrasser; on a beau se cacher, entrer dans les maisons, ils vous attendent et reviennent toujours à vous, quelquefois pendant plus de trois heures. Je me suis mis à courir quelquefois, ajoute M. de la Borde, ils couraient plus vite que moi et me surpassaient toujours; quand je m'arrêtais, ils s'arrêtaient aussi fort près de moi. J'en connais un qui ne manque pas de suivre tous les étrangers qui entrent dans la maison de son maître, et de les suivre dans le jardin, où il fait, dans les allées, autant de tours de promenade qu'eux, jusqu'à ce qu'ils se retirent. »

Dans l'état de nature, l'agami habite les grandes forêts des climats chauds de l'Amérique, ne s'approche pas des endroits découverts, et encore moins des lieux habités. Ils se tiennent en troupes assez nombreuses et ne fréquentent que les montagnes et d'autres terres élevées. L'agami court plutôt qu'il ne vole, car il ne s'élève jamais que de quelques pieds, pour se reposer à une petite distance sur terre ou sur quelques branches peu élevées. Il se nourrit de fruits sauvages. Lorsqu'on le surprend, il fuit et court extrêmement vite, et jette en même temps un cri aigu semblable à celui du dindon.

La femelle gratte la terre au pied des grands arbres pour y creuser la place où elle dépose ses œufs; elle ne ramasse rien pour garnir ce trou, et ne fait point d'autre nid : elle pond de dix à seize œufs, suivant son âge, et fait trois pontes dans l'année.

« Ces vastes solitudes de l'Amérique, ces immenses et antiques forêts qui s'abattent et se renouvellent d'elles-mêmes, disparaîtront un jour, dit Sonini; de grands édifices s'élèveront où végétaient les plus belles et les plus hautes futaies de l'univers; un sol frais et humide s'affaissera desséché sous le poids des villes; de nombreuses habitations remplaceront les carbets rares et épars d'hommes que la civilisation n'a pas corrompus; la culture s'emparera de terres que couvrait spontanément une multitude de plantes : alors probablement l'espèce de l'agami sera détruite ou dégradée par un dur esclavage, qu'on appellera domesticité. » Ce philosophe voit les choses trop en noir; et il est plus raisonnable de penser que l'agami ne se plaindra pas lorsque ces changemens seront survenus, si à son état sauvage a succédé le soin qu'on pourra prendre de son espèce, puisque ce bon animal a tant de qualités semblables à celles du chien.

L'OUTARDE

L'OUTARDE.

Cet oiseau a de trois à quatre pieds de longueur depuis le bout du bec jusqu'à l'extrémité de la queue, et pèse ordinairement vingt-cinq à trente livres; mais chaque individu varie extrêmement pour la grosseur et les couleurs du plumage; en général, la tête, la gorge et le cou sont couleur de cendre; dessous le bec est une touffe de longues plumes cendrées aussi; un cercle rouge entoure les yeux; le dessus du corps est rougeâtre, tacheté et rayé transversalement de brun foncé et de fauve; le ventre est blanc, mêlé de rouge; les ailes sont noires et blanches, tachetées de brun et de noir; la queue est rouge dessus et blanche dessous; les plumes qui la composent sont rayées de noir et terminées de gris clair; le bec est gris foncé; l'iris de l'œil orange; les jambes et les pieds sont cendrés, couverts de petites écailles.

La femelle est d'un tiers plus petite que le mâle; ses couleurs sont moins brillantes, et elle n'a point de touffe de plumes de chaque côté de la tête. Une autre différence existe encore entr'eux; le mâle a sous le cou une espèce de sac ou de poche, capable de contenir deux pintes d'eau, et jusqu'à sept, selon quelques-uns. L'ouverture de ce singulier réservoir est sous la langue : le docteur Douglas est le premier qui l'ait découvert, et il pense que cet oiseau le remplit d'eau; ce qui lui est d'un grand secours dans les déserts où il fait ordinairement des excursions. C'est aussi pour l'outarde un moyen de défense contre les oiseaux de proie : elle met en déroute son ennemi, en lui lançant cette eau avec violence.

Cet oiseau ne construit point de nid, mais il creuse seulement un trou dans la terre et y dépose deux œufs de la grosseur de ceux d'une oie, et qui sont d'un brun olivâtre pâle, marqués de petites taches plus foncées. Les petits suivent la mère aussitôt qu'ils sont éclos, mais ils ne sont pas capables de voler de long-temps.

Suivant les naturalistes français, l'outarde appartient à l'ancien continent : elle se nourrit de grains, d'herbe, de toutes sortes de semences, ainsi que de vers; elle avale aussi tout entiers de petits oiseaux, des grenouilles et des souris; dans l'hiver, elle mange souvent l'écorce des arbres. M. de Buffon dit que, dans l'estomac d'une outarde, qui fut ouverte par MM. de l'Académie, on trouva, outre une grande quantité de petites pierres, quatre-vingt-dix doublons, tous usés et polis dans les endroits exposés au frottement.

On croit que ces oiseaux vivent à peu près quinze ans.

LE PIGEON.

La grande fécondité de cet oiseau a engagé l'homme à l'arracher à la vie sauvage, pour le mettre sous sa dépendance, et il y a réussi. M. John Lockman, dans quelques réflexions sur les opéras, placées à la tête de sa pièce de *Rosalinda*, raconte une anecdote qui prouve l'effet que produisait la musique sur un pigeon. Étant dans la maison de M. Lec, gentilhomme dont la fille jouait très-bien de la harpe, il remarqua un oiseau de cette espèce qui, chaque fois que cette jeune personne jouait et chantait l'ariette de *Spari si*, dans l'opéra d'Admète de Handel, descendait d'un colombier voisin, se posait sur la fenêtre de la chambre où elle jouait, et paraissait l'écouter avec émotion. Aussitôt qu'elle avait fini, il retournait à son colombier.

Des différentes variétés du pigeon, les messagers sont, à juste titre, les plus célèbres. Ils ont reçu ce nom, parce qu'on s'est servi d'eux pour envoyer des lettres d'un lieu à un autre. Anciennement, le gouverneur d'une ville assiégée les employait pour demander du secours aux généraux; les princes, pour apprendre à leurs sujets la nouvelle de quelque événement heureux, etc. Lithgon assure qu'un de ces pigeons porta une lettre de Babylone à Alep en quarante-huit heures; voyage pour lequel un homme mettait trente jours. Un autre, dont il est parlé dans le registre annuel de 1765, fit, dans l'espace de quatre heures, le voyage de Bury-Saint-Edmond à Londres, qui en est éloigné de soixante-douze milles. Le messager se distingue facilement des autres variétés par un large cercle de peau nue et blanche autour des yeux, et par son plumage bleu noirâtre.

Lorsque Marc-Antoine faisait le siége de Modène, Décimus Brutus, qui était enfermé dans la ville, envoyait des lettres au camp des consuls par le moyen des pigeons. Ce même stratagème a été pratiqué pendant les siéges de Harlem et de Leyde par les Espagnols. Après la levée du siége de Leyde, il fut ordonné que les pigeons qui avaient porté les lettres, seraient nourris aux dépens du public et embaumés après leur mort, pour être conservés dans l'hôtel de ville.

Nous citerons ici l'extrait d'un ouvrage arabe intitulé : *La Colombe messagere, plus rapide que l'éclair, plus prompte que les nuages;* par Michel Sabbagh, qui donne les moyens d'instruire les pigeons à porter des messages.

« Dès que le pigeonneau est emplumé, dit l'auteur arabe, il faut l'instruire à manger dans la main d'une personne et à boire dans sa bouche, jouer avec lui et l'habituer insensiblement à suivre ; cet exercice doit être répété deux ou trois fois par jour.

« Aussitôt que le pigeon sera assez fort pour voltiger, on l'accouplera avec un autre de sexe différent, qui aura reçu la même éducation. Lorsqu'ils seront l'un et l'autre en état de voler, on les mettra dans une cage, que l'on fera porter à l'endroit où l'on veut faire parvenir ces messages. On aura soin seulement de tenir cette cage découverte, car il est essentiel que les pigeons voient la route et la reconnaissent.

« Arrivés en cet endroit, on les gardera renfermés pendant un mois au moins, avec l'attention de jouer avec eux, de les toucher plusieurs fois par jour et d'entretenir la familiarité qu'ils ont reçue dans leur première éducation. Alors on en laisse un seul à cette maison, et l'on reporte l'autre à la première résidence. Lorsqu'ensuite on lâche l'un des deux, il ne s'arrête pas en route; il n'y a ni blé ni arbre qui puisse le retenir un moment, parce que le désir de retrouver son compagnon le porte à accélérer son voyage.

« La lettre confiée à l'oiseau doit être écrite sur le papier le plus fin et le plus léger, afin de ne point embarrasser son vol. On la met à plat sous l'aile, où elle est fixée par une épingle qui passe dans une des grosses plumes, la pointe en dehors, et par deux fils qui se croisent. »

On s'est beaucoup entretenu dans les temps de l'anecdote suivante : Le pape Pie VI venait de mourir, le 29 août 1798, à Valence, où les républicains qui régissaient la France l'avaient relégué, lorsqu'une colombe entra dans la chambre du cardinal Chiaramonti, évêque d'Imola, voltigea autour de sa personne, et revint pendant trois jours consécutifs lui rendre la même visite. Touché de son assiduité, le vénérable prélat dit qu'il fallait la nourrir et en prendre soin. Mais, après sa troisième apparition, on ne la revit plus. Lorsqu'on apprit que Pie VI était mort dans sa captivité, on fit le rapprochement de son décès avec la première visite de la colombe; il se trouva que les deux événemens coïncidaient parfaitement l'un avec l'autre. Le digne évêque d'Imola, craignant peut-être que l'on en tirât quelque induction qui lui fût favorable, défendit expressément à toute sa maison d'en parler, et ce n'est qu'après son élection au pontificat, que le fait fut rendu public, ainsi que le présage qu'en avait tiré le professeur Antoine Lambertenghi, dans une ode italienne, dont voici le sens littéral : « La mort venait de frapper Pie VI et de « contrister le monde chrétien; la Seine « seule, d'un air insultant, se réjouissait « au milieu du deuil universel..... Mais il « est une providence, et l'impie s'applau-« dit en vain de voir livré au trépas l'objet « de sa haine. Il va se lever celui qui, des-« tiné à de grandes choses, va renverser « d'iniques et criminelles espérances. Non, « je ne m'abuse pas : étendant ses ailes rapi-« des autour du nouveau pontife, une bril-« lante colombe annonce au monde la puni-« tion des méchans, l'arche du salut et l'o-« livier de la paix ». Tout s'est réalisé !

LE COQ.

Ce brave et majestueux oiseau, dans son état actuel de domesticité, diffère tellement de son origine sauvage, qu'il serait difficile de démêler quelle est précisément sa souche primitive. Suivant les récits de plusieurs voyageurs, on le trouve encore dans l'état de nature dans les forêts et dans quelques îles des mers de l'Inde. Sonini assure qu'il a vu des coqs sauvages dans les forêts immenses qui couvrent l'intérieur de la Guiane, et dont plusieurs particularités prouvaient qu'ils appartiennent à ce climat et ne descendent point des oiseaux de la même espèce apportés de l'ancien continent.

LE COQ.

Le coq a l'air noble et animé : sa tête est petite et ornée d'une belle crête rouge et charnue ; ses yeux sont pleins de feu, et tous ses mouvemens sont libres et fiers ; les plumes du cou sont longues et tombent avec grâce sur le corps, qui est épais, ferme et compacte ; sa queue est longue, et les deux plumes du milieu, plus grandes que les autres, se recourbent en arc ; ses jambes sont fortes et armées d'éperons aigus, avec lesquels il attaque et se défend. S'il aperçoit un rival ou un ennemi, il accourt, l'œil en feu, les plumes hérissées, et lui livre un combat opiniâtre, jusqu'à ce que l'un ou l'autre succombe, ou que le nouveau venu lui cède le champ de bataille. Enfin il se rend toujours maître de la basse-cour.

« Je fus témoin, dit M. de Buffon, d'une singulière scène : un faucon descendit au milieu d'une basse-cour nombreuse ; un jeune coq de l'année courut à lui et le renversa sur le dos. Dans cette situation, le faucon se défendait avec ses talons et son bec, et il intimidait les poules et les dindons : lorsqu'il se fut un peu remis, il se releva et allait s'envoler ; mais le coq, s'élançant sur lui pour la seconde fois, le renversa et le tint si long-temps à terre, qu'on eut celui de le prendre. »

Le coq a beaucoup de soin et même d'inquiétude et de souci pour ses poules ; il ne les perd guère de vue ; il les conduit, les défend, les menace, va chercher celles qui s'écartent, les ramène et ne se livre au plaisir de manger que lorsqu'il les voit toutes réunies autour de lui. Sa jalousie est égale à sa tendresse, et l'aspect d'un coq étranger dans son domaine est le signal d'une bataille. Cette jalousie ne se borne pas seulement à ses rivaux : on a observé qu'il en faisait quelquefois ressentir les effets à sa femelle bien-aimée, et même il paraît capable d'un certain degré de réflexion à l'égard de son infidélité conjugale. Un trait singulier, raconté par le docteur Percival dans ses *Dissertations*, confirme cette remarque : « Un gentilhomme, à qui un paysan avait apporté quatorze œufs de perdrix, pris dans le même nid, ordonna qu'on les mît sous une belle poule, en lui ôtant les siens. Ils furent éclos dans deux jours, et la poule éleva parfaitement bien les petits pendant cinq ou six semaines : on les avait mis dans une cour à part, afin que le reste de la volaille ne les vît pas. La porte s'étant ouverte par hasard, le coq entra dans cette cour; la fille qui en avait la surveillance, entendant sa poule jeter des cris de détresse, courut à son secours, mais elle n'arriva pas assez à temps pour lui sauver la vie; le coq, l'ayant trouvée avec sa couvée de perdreaux, était tombé sur elle avec fureur et l'avait tuée. Il n'y avait cependant pas long-temps que cette poule était sa première favorite ».

La poule est très-féconde; elle pond ordinairement deux œufs en trois jours, et continue ainsi pendant la plus grande partie de l'année, excepté au temps de la mue, qui dure environ deux mois. Lorsqu'elle a vingt-cinq ou trente œufs, elle se prépare à la tâche pénible de l'incubation, et y montre une patience et une persévérance véritablement extraordinaires. Une poule qui couve est l'emblême touchant de la tendresse et de la sollicitude maternelle; elle couvre ses œufs de ses ailes, et les retourne doucement, afin qu'ils soient pénétrés de tous côtés du même degré de chaleur. On dirait qu'elle comprend toute l'importance de la fonction qu'elle exerce; elle y donne tellement son attention, qu'elle en oublie presque le boire et le manger.

Au bout de trois semaines, les petits sortent de la coquille, et la poule, jusque-là poltrone et vorace, devient, pour protéger ses petits, le plus sobre et le plus hardi de tous les animaux.

La chaleur du corps humain peut aussi faire éclore des œufs. Livie, dame romaine de distinction, étant grosse, eut envie de couver un œuf dans son sein, afin d'augurer le sexe de son enfant, d'après celui du poulet qu'il produirait : le poulet fut mâle et l'enfant aussi.

Les combats de coqs ont acquis trop de renommée pour que nous n'en fassions pas mention, ainsi que de leur origine qui se rattache à l'histoire d'Athènes. Thémistocle, ce célèbre capitaine Athénien, marchant contre les Perses qui avaient envahi la Grèce, et, voyant le peu d'ardeur que manifestaient ses soldats, leur fit remarquer l'acharnement que les coqs mettaient dans leurs combats : « Contemplez, leur « dit-il, le courage invincible de ces animaux; ils n'ont pourtant d'autre motif « que l'amour de la gloire, tandis que « vous combattez pour vos foyers, pour « les tombeaux de vos pères, pour votre « liberté ! » Cette courte harangue ranima le courage affaibli de l'armée, et Thémistocle remporta la victoire. En mémoire de cet événement, les Athéniens instituèrent une fête, qui était célébrée tous les ans par des combats de coqs. Ils enseignèrent ensuite aux Romains cette espèce de jeu, et ce peuple guerrier fut le premier qui l'introduisit en Angleterre. Henri VIII aimait tellement ce spectacle, qu'il fit bâtir une maison commode pour cela, et, quoique maintenant son usage soit différent, elle en a toujours gardé le nom de *cock-pit,* lieu de combat pour les coqs.

Dans l'île de Sumatra, la passion pour

ces sortes de combats est portée si loin, qu'on en fait plutôt une occupation sérieuse qu'un amusement. Un homme ne voyage presque jamais, dans ce pays, sans porter un coq sous le bras. Les naturels du pays ont même imaginé d'armer l'une des jambes de ces oiseaux d'un instrument de la forme d'un cimeterre; au moyen de ce fer tranchant, dont les coqs se servent très-adroitement, le sang coule sur leurs champs de bataille, et ces pauvres animaux tombent victimes de l'orgueil de leurs maîtres acharnés à les exciter, n'imitant que trop fidèlement les hommes qui s'entre-déchirent souvent pour satisfaire la cruelle ambition d'un farouche conquérant.

LE DINDON.

On croit généralement que le dindon est originaire de l'Amérique septentrionale, et qu'il fut apporté en Angleterre sous le règne de Henri VIII. Cet oiseau est grand, mais lourd; sa tête, qui est fort petite à proportion du corps, manque de la parure ordinaire aux oiseaux; car elle est presqu'entièrement dénuée de plumes et seulement recouverte, ainsi qu'une partie du cou et de la gorge, d'une peau bleuâtre, chargée de mamelons rouges dans la partie intérieure du cou, et de mamelons blanchâtres sur la partie postérieure de la tête, avec quelques petits poils noirs clair-semés entre les mamelons. Les yeux sont petits, mais vifs et brillans; le bec est convexe,

LES DINDONS.

LE DINDON FEMELLE.

court et fort; la poitrine est ornée d'un bouquet de crins durs et noirs; les ailes sont assez longues, mais incapables de soutenir un corps aussi fort dans des vols de long cours; les jambes sont robustes; le plumage est brun, nuancé de vert et de couleur de cuivre ; les couvertures des ailes sont rayées de noir et de blanc; la queue se compose de deux parties : la supérieure, ou la plus courte, est d'un brun rouge, rayée de noir et de vert; l'inférieure, ou la plus grande, est d'un blanc jaunâtre, tachetée et rayée de noir.

Le dindon pullule dans les forêts du Canada, quoiqu'elles soient couvertes de neige les trois quarts de l'année. Ces oiseaux s'assemblent par troupeaux, quelquefois au nombre de cinq cents, et vont dans les champs chercher, pour leur nourriture, des graines et des baies; la graine d'orties fait leur principale nourriture. La femelle pond au printemps et dépose ordinairement ses œufs dans un lieu obscur et solitaire; elle les couve avec tant d'ardeur et d'assiduité, qu'elle mourrait d'inanition plutôt que d'abandonner son nid pour aller chercher à boire et à manger. Malgré la grandeur de sa taille et sa force apparente, s'il survient quelque ennemi lorsqu'elle accompagne ses petits, elle leur serait de peu de secours contre une attaque, et elle les avertit plutôt de songer à éviter eux-mêmes le danger, qu'elle ne se prépare à les défendre. « J'entendis une poule d'Inde, dit M. Pluche, étant à la tête de sa couvée, jeter un effroyable cri d'alarme, sans qu'il me fût possible d'en deviner la cause. Cependant les petits, qui comprirent cet avertissement, coururent promptement se cacher sous les buissons, sous l'herbe, et partout où ils crurent trouver un abri sûr ; je les vis même se coucher sur la terre et y demeurer sans mouvement, comme s'ils eussent été morts. Pendant ce temps, la mère, dont les yeux étaient fixés vers le ciel, continuait toujours à crier comme auparavant. Je regardai dans la même direction qu'elle, et je découvris un point noir sous les nuages, mais sans pouvoir distinguer ce que c'était; bientôt on put voir clairement un oiseau de proie. La mère, par ses cris, retint ses petits dans leur asile tout le temps que cet ennemi formidable plana au-dessus de leur tête; mais aussitôt qu'il fut parti, jetant un cri tout différent du premier, elle rendit la vie à cette troupe glacée d'effroi, et qui vint sur-le-champ l'entourer et lui témoigner sa joie d'avoir échappé à un aussi grand péril. »

On cite cependant quelques circonstances où le coq d'Inde a montré de la valeur. Un gentilhomme de New-Yorck reçut une paire de dindons et une paire de bantams, qu'il mit dans sa basse-cour avec d'autres volailles. Quelque temps après, comme il s'occupait à leur jeter du grain, un gros faucon entra subitement par la porte qui était restée ouverte, et s'élança sur le bantam femelle; celle-ci répandit sur-le-champ l'alarme par un cri qui lui est particulier dans ces occasions. Le dindon mâle, qui était à quelque distance et qui comprit sans doute les intentions du faucon et le danger de la situation de sa compagne, courut à l'ennemi et lui donna, avec les éperons dont ses pieds sont armés, un coup si violent, qu'il lui fit lâcher sa proie et l'en chassa même fort loin : cette prompte hardiesse sauva la vie au bantam.

Malgré la difficulté d'instruire les dindons, le fameux Bisset enseigna à six de ces oiseaux à danser une contredanse ré-

LA CIGOGNE.

gulière; mais il avoua qu'il avait adopté la méthode orientale, avec laquelle on fait danser les chameaux, celle de chauffer le plancher.

Dans les déserts de l'Amérique, les dindons sont beaucoup plus gros que ceux qu'on voit en France. Gosselin dit qu'il a mangé sa part d'un coq d'Inde qui pesait trente livres, après avoir été plumé et vidé. Lawson dit qu'il a vu huit hommes de bon appétit faire deux repas avec un de ces oiseaux. Quelques écrivains assurent qu'on a des exemples de dindons qui pesaient jusqu'à soixante livres. Le premier de cette volatille qui parut en France, fut mangé aux noces de Charles IX.

LA CIGOGNE.

Il y a deux espèces de cigognes, la noire et la blanche; mais nous ne décrirons que la blanche, qui est la plus remarquable. Sa longueur est d'environ trois pieds; le bec, d'un beau rouge, a près de huit pouces de long; le plumage est entièrement blanc, à l'exception de quelques plumes du dos qui sont noires; le tour des yeux est noirâtre; la peau des jambes et de la partie nue des cuisses est rougeâtre.

La cigogne blanche est demi-domestique; elle fréquente les villes, et dans quelques-unes elle se promène tranquillement dans les rues et y cherche sa nourriture parmi les restes des tables : elle purge les champs des reptiles et des serpens, et pour cette raison elle est protégée en Hollande; dans la Belgique, les gens du peuple se croient menacés de quelque malheur si la cigogne manque de revenir habiter le nid qu'elle a construit sur la maison; les Mahométans ont aussi pour elle la plus haute vénération. La cigogne était autrefois si respectée en Thessalie, qu'on punissait de mort le meurtre d'un de ces oiseaux.

Belon dit que « les cigognes sont en « grande abondance en Égypte, que les champs et les plaines en paraissent blancs; mais elles y rendent un grand service en détruisant les grenouilles qui, sans elles, deviendraient si nombreuses, que le pays en serait infesté. Les champs de la Palestine, entre Balba et Gaza, sont souvent stériles, à cause de la grande quantité de rats et de souris; et, si les cigognes ne les détruisaient pas, les habitans ne pourraient jamais récolter de moissons. »

La cigogne est d'un naturel assez doux; elle n'est ni défiante, ni sauvage, et peut s'aprivoiser aisément et s'accoutumer à rester dans les jardins, qu'elle purge d'insectes et de reptiles. Elle a presque toujours l'air triste et la contenance morne; cependant elle ne laisse pas de se livrer à une certaine gaieté, quand elle y est excitée par l'exemple; car elle se prête au badinage des enfans, en sautant et en jouant avec eux. « J'ai vu dans un jardin, dit le docteur Hermann, où des enfans jouaient à la cligne-musette, une cigogne privée se mettre de la partie, courir à son tour quand elle était touchée, et distinguer très-bien l'enfant qui était en tour de poursuivre les autres, pour se tenir sur ses gardes. »

Les anciens attribuaient à la cigogne plusieurs vertus morales : la tempérance, la fidélité conjugale, la piété filiale et l'amour maternel. Il est vrai qu'elle nourrit très-long-temps ses petits et ne les quitte pas qu'elle ne leur voie assez de force pour se défendre et se pourvoir d'eux-mêmes ; que, quand ils commencent à voler hors du nid et à s'essayer dans les airs, elle les porte sur ses ailes; qu'elle les défend dans les dangers et préfère quelquefois périr plutôt que de les abandonner. Il y a une histoire célèbre en Hollande, d'une cigogne qui, dans l'incendie de la ville de Delft, après s'être inutilement efforcée d'enlever ses petits, se laissa brûler avec eux, afin de partager leur sort.

Dans les *Lettres sur l'Italie*, on trouve l'anecdote suivante, qui offre un exemple singulier d'intelligence dans la cigogne. Un fermier du voisinage de Hambourg amena dans sa basse-cour une cigogne sauvage, pour y être la compagne d'une autre apprivoisée qu'il avait depuis long-temps : mais celle-ci, furieuse d'avoir une rivale, tomba sur la pauvre étrangère et la maltraita si cruellement, qu'elle fut forcée de prendre la fuite, quoiqu'avec bien de la peine. Cependant, environ quatre mois après, elle revint à la basse-cour, remise de toutes ses blessures et suivie de trois autres cigognes qui, s'unissant à elle, se jetèrent sur-le-champ sur la cigogne privée et la tuèrent.

Les cigognes sont oiseaux de passage; elles observent une grande exactitude dans leur départ d'Europe, qui a lieu en automne. Elles vont passer en Égypte un second été et y élèvent une seconde couvée. Avant le départ, elles s'assemblent en grand nombre; il se fait pendant quelque temps un mouvement dans la troupe, toutes semblent se chercher, se reconnaître; ensuite, après avoir fait quelques courtes excursions, comme pour essayer leurs ailes, elles s'envolent toutes ensemble en silence, et si promptement qu'il est très-difficile de s'en apercevoir.

Pendant leur migration, on les voit en grandes troupes. Le docteur Shaw a vu, du pied du Mont-Carmel, le passage des cigognes de l'Égypte en Asie, vers le milieu d'avril 1722. « Notre vaisseau, dit ce voyageur, étant à l'ancre sous le Mont-Carmel, je vis trois vols de cigognes, dont chacun fut plus de trois heures à passer, et s'étendait plus d'un demi-mille en largeur. »

Dans le nord, on trouve rarement des cigognes plus loin que la Suède, et, quoiqu'on n'en ait pas rencontré souvent en Angleterre, elles sont si communes en Hollande, qu'elles y bâtissent leur nid sur le toit des maisons, où les habitans leur placent à ce dessein des boîtes carrées. Ils respectent ces oiseaux et ne souffrent pas qu'on leur fasse aucune injure. Les cigognes sont aussi très-communes à Alep, ainsi qu'à Séville, en Espagne. A Bagdad, on voit, dit-on, des centaines de leurs nids sur les maisons, les murs et les arbres, et à Persepolis ou Chilmanar, en Perse, les colonnes ruinées en sont couvertes.

On voit à la ménagerie royale, à Paris, le marabou du Sénégal, espèce de cigogne qui donne les plumes si recherchées pour la parure des dames.

L'ARGALA OU GRANDE GRUE.

LA GRUE.

Cet oiseau a environ cinq pieds de long; le bec a quatre pouces de longueur; le plumage est en général cendré; le front est noir; les tempes sont blanches. Il y a dessus le cou un espace de deux pouces, nu et rouge, couvert de quelques petits poils noirs; les grandes pennes des ailes sont noires; de dessous les ailes sortent de larges plumes à filets, qui se troussent en panaches et retombent avec grâce sur la queue; les jambes sont noires. On voit les grues par troupes nombreuses dans les parties septentrionales de l'Europe. Elles font leur nid dans des marais et pondent deux œufs bleuâtres. Elles se nourrissent de reptiles de toute espèce et de toutes sortes de grains. Lorsque le blé est vert, elles en font un grand dégât.

Les grues sont oiseaux de passage, et, de tous ceux qui voyagent, ce sont ceux qui entreprennent et exécutent les courses les plus lointaines et les plus hardies. L'hiver, elles habitent les climats chauds de l'Égypte et des Indes; et au printemps, elles retournent dans le nord pour y couver, choisissant ordinairement les lieux qu'elles avaient occupés l'année précédente. Elles portent leur vol très-haut et se mettent en ordre pour voyager; elles forment ordinairement un triangle, comme pour fendre l'air plus aisément. Quand le vent se renforce et menace de rompre leurs rangs, elles se resserrent en cercle; ce qu'elles font aussi quand l'aigle les attaque. Leur passage se fait le plus souvent dans la nuit, mais leur voix éclatante avertit de leur marche : dans ce vol de nuit, le chef fait entendre fréquemment une voix de réclame, pour avertir de la route qu'il tient. Ce cri est répété par toute la troupe, comme pour faire connaître que chacun tient et suit son rang.

A terre, les grues rassemblées établissent une garde pendant la nuit; et la circonspection de ces oiseaux a été consacrée dans les hiéroglyphes, comme le symbole de la vigilance. La troupe dort la tête cachée sous l'aile; mais la sentinelle veille, la tête haute, et, à l'approche du moindre danger, elle en avertit par un cri toute la bande, qui s'envole sur-le-champ.

L'argala, ou grande grue, habite le Bengale et Calcutta, et on la trouve quelquefois sur les côtes de Guinée. Les Indiens croient que les âmes des brachmanes animent ces oiseaux, et, par conséquent, ils ont pour eux la plus profonde vénération.

M. Smeathman a élevé en Afrique un oiseau de cette espèce qui était devenu extrêmement familier. Pendant le dîner, il se plaçait régulièrement à table, derrière la chaise de son maître, et souvent avant qu'aucun convive ne fût entré dans la salle. Les domestiques étaient obligés de le surveiller de près et même de le frapper à coups de baguettes, pour l'empêcher de toucher aux plats; mais, malgré cette précaution, il dérobait toujours quelque chose. Il enleva une fois de dessus la table une volaille qu'il avala toute entière. Il restait quelquefois dans la salle pendant une demi-heure après le dîner, tournant la tête de côté et d'autre, comme s'il eût pris part à la conversation. Son courage n'égalait pas sa voracité, car un enfant de huit ou dix ans pouvait le faire fuir; cependant il semblait vouloir se mettre sur la défensive en ouvrant son large bec d'un air menaçant et jetant des cris effrayans. Il se nourrissait d'oiseaux, de reptiles et de petits quadrupèdes; et, quoiqu'il eût bien voulu détruire la volaille, il n'osa jamais attaquer ouvertement une poule entourée de ses petits. On lui vit une fois avaler un chat tout entier, et il ne fit que deux morceaux d'un os de cuisse de bœuf.

Au Japon, le peuple a pour les grues le plus grand respect. Les Kalmouks de Koulaguéna regardent ces oiseaux comme les plus purs qui existent, et ils n'en tuent jamais. Les anciens ayant remarqué les migrations régulières des grues du nord au midi et du midi au nord, les désignaient par les noms d'oiseaux de Lybie et d'oiseaux de Scythie, qui étaient alors les extrémités du monde connu. De celles qui partaient de ces régions, une partie s'arrêtait en Grèce; mais la Thessalie était la contrée où se rendait le plus grand nombre : aussi l'appelait-on *les pâturages des grues.*

Des oiseaux de cette espèce furent cause que le meurtre d'Ibicus ne demeura point sans vengeance. Ce célèbre poète lyrique grec devait épouser la jeune Néréis. Quelques jours avant la noce, sa future le chargea d'aller remplir une mission à Orope. Il revenait de cette ville, et composait, chemin faisant, l'épithalame de son mariage. L'enthousiasme poétique s'empara tellement de son esprit, qu'il s'attarda et même s'égara dans les champs. Au coucher du soleil, il ne reconnaît point les lieux où il se trouve, ni la route qu'il doit tenir. Il aperçoit une espèce de pâtre, il court à lui et lui demande le chemin d'Athènes : « Vous en êtes un peu éloigné; mais si

« vous le désirez, je vous mettrai sur la « route ». Ibicus accepte et promet une récompense. Son guide le mène à travers les montagnes. La nuit se lève, l'ombre s'étend; déjà ils ne marchaient qu'à la lueur du crépuscule. « Eh bien, avançons-« nous, demande Ibicus? — Oui, nous ap-« prochons; mais j'aperçois deux hommes « qui m'inquiètent : ils ont mauvaise mine. « Qu'importe leur mine? ne sommes-nous « pas deux aussi? — Puisque vous êtes si « brave, préparez-vous au combat, car « ils viennent à nous. » Le poète s'arme de son bâton et attend fièrement ses assassins : son conducteur se place derrière lui et le frappe d'un poignard. Ibicus se retourne furieux, et d'un coup de bâton l'étend par terre. Soudain les deux autres scélérats l'aissaillent l'épée à la main : il se défend long-temps avec une bravoure extrême; il casse le bras à l'un d'eux, mais l'autre le perce à l'instant d'un coup d'épée. Ibicus tombe, et, avant d'expirer, voit une troupe de grues qui passaient sur sa tête : « Ces oiseaux, dit-il aux brigands, « sont témoins de votre crime; il ne res-« tera pas impuni ».

Six mois s'écoulèrent; et, malgré les plus grandes perquisitions, les assassins, enveloppés dans leur secret, bravaient la vindicte publique. Mais un jour, dans le marché d'Athènes, ils aperçurent des grues; l'un d'eux dit en riant à ses camarades : « Voilà les témoins du poète Ibicus ». Comme sa mort avait fait beaucoup de bruit, une jeune fille de quatorze ans, ayant ouï le propos, prévenue d'ailleurs par la mauvaise mine des trois personnages, courut le répéter à un archonte. Sur ce faible indice, ils furent arrêtés : leur trouble, l'ambiguité de leurs réponses confirmèrent les soupçons; on leur donna alors la question. La

LE MERLE D'EAU.

force des tourmens et le poids des remords leur arracha l'aveu de leur crime, et ils furent condamnés à être précipités dans le barathre.

LE MERLE.

Si l'on consulte les habitudes, les mœurs, l'instinct des diverses espèces de merles, on voit qu'il en est qui vivent isolées ou par couple pendant toute l'année; que d'autres se réunissent à l'arrière-saison en troupes dispersées, et que d'autres ne s'y tiennent qu'en familles. Toutes sont insectivores. Les mêmes endroits ne leur conviennent pas pour nicher; les uns placent leur nid, presque à terre, dans les broussailles; d'autres au centre d'un buisson épais, plus ou moins élevé; d'autres sur les arbres. Les merles de roche l'attachent au plafond d'une caverne; les merles roses et plusieurs espèces étrangères le cachent dans les rochers, ainsi que les merles bleus ou solitaires, qui quelquefois le construisent à la cime des édifices les plus élevés; enfin, il en est qui le suspendent entre les roseaux. Le merle est assez recherché pour son chant, surtout à cause de la facilité qu'il a de le perfectionner, de retenir les airs qu'on lui apprend et d'imiter ce qu'il entend. A cause de cette étonnante faculté, l'une de ces espèces a acquis le nom de moqueur.

Le merle d'eau, espèce très-variée, ressemble au merle chanteur par sa taille, qui est seulement un peu plus petite : le bec est noir et étroit; les paupières sont blanches ; les parties supérieures du corps, ainsi que le cou, d'un brun foncé ; les inférieures noires ainsi que la queue ; le dessous du cou et la poitrine blancs ou jaunâtres; les jambes noires.

Le merle d'eau court sur le bord des ruisseaux et des fontaines, qu'il ne quitte jamais, fréquentant de préférence les eaux vives et courantes, dont la chute est rapide et le lit entrecoupé de pierres et de morceaux de rochers.

Les habitudes naturelles de cet oiseau sont très-singulières : les oiseaux d'eau, qui ont les pieds palmés, nagent sur l'eau ou s'y plongent; ceux de rivage, montés sur de hautes jambes nues, y entrent assez avant sans que leur corps y trempe ; le merle d'eau y entre tout entier en marchant et en suivant la pente du terrain : on le voit se submerger peu à peu, d'abord jusqu'au cou et ensuite par dessus la tête, qu'il ne tient pas plus élevée que s'il était dans l'air; il continue de marcher sous l'eau, descend jusqu'au fond et s'y promène comme sur le rivage sec. M. Hébert a communiqué à M. de Buffon le récit suivant sur cette habitude extraordinaire. « J'étais embusqué sur les bords du lac de Nantua, dans une cabane de branches de sapins, où j'attendais patiemment qu'un bateau qui ramait sur le lac fit approcher du bord quelques canards sauvages; j'observais sans être aperçu. Il y avait devant ma cabane une petite anse, dont le fond en pente douce pouvait avoir deux ou trois pieds de profondeur dans son milieu ; un merle d'eau s'y arrêta, y resta plus d'une heure, et j'eus le temps de l'observer tout à mon aise. Je le voyais entrer dans l'eau, s'y enfoncer, reparaître à l'autre extrémité de l'anse et revenir sur ses pas; il en parcourait tout le fond sans paraître avoir changé d'élément; en entrant dans l'eau, il n'hésitait ni ne se détournait; je remarquai seulement, à plusieurs reprises, que toutes les fois qu'il entrait plus haut que les genoux, il déployait ses ailes et les laissait pendre jusqu'à terre. Je remarquai encore que, tant que je pouvais l'apercevoir au fond de l'eau, il me paraissait comme revêtu d'une couche d'air qui le rendait brillant. Semblable à certains insectes du genre des scarabées, qui sont toujours dans l'eau au milieu d'une bulle d'air, peut-être n'abaissait-il ses ailes, en entrant dans l'eau, que pour se ménager cet air; mais il est certain qu'il n'y manquait jamais, et il les agitait alors comme s'il eût tremblé. Ces habitudes singulières du merle d'eau étaient inconnues à tous les chasseurs à qui j'en ai parlé, et, sans le hasard de la cabane de sapins, je les aurais peut-être aussi toujours ignorées; mais je puis assurer que l'oiseau venait presque à mes pieds, et, pour l'observer long-temps, je ne le tuai point. »

Les merles d'eau se trouvent dans plusieurs parties de l'Europe. La femelle fait son nid sur la terre, près des ruisseaux; elle le compose de mousse et de feuilles sèches, et le cache avec soin : elle pond quatre ou cinq œufs blancs, teints de rouge. Le ramage de printemps de cet oiseau est, dit-on, fort agréable.

LE VANNEAU.

Cet oiseau est de la taille du pigeon commun. Son corps est couvert d'un duvet épais et serré; ses plumes sont noires à la tige et présentent ensuite différentes couleurs; le ventre, les cuisses, le dessous et le bord des ailes sont d'un blanc de neige; le foie est très-grand et divisé en deux lobes. Quelques auteurs assurent que le vanneau n'a point de fiel.

Ces oiseaux se trouvent dans presque toute l'Europe; ils pénètrent dans le nord aussi loin que l'Islande. En hiver, on en voit dans la Perse et dans l'Égypte. Ils se nourrissent principalement de vers; on les voit par troupes couvrir les prairies marécageuses pour y chercher ces insectes, qu'ils font sortir de terre avec une singulière adresse. Le vanneau, qui rencontre un de ces petits tas de terre en boulettes ou chapelets, que le ver a rejetés en se vidant, le débarrasse d'abord légèrement, et, ayant mis le trou à découvert, il frappe à côté la terre de son pied, et reste l'œil attentif et le corps immobile : cette légère commotion suffit pour faire sortir le ver qui, dès qu'il se montre, est enlevé d'un coup de bec. « Pour m'assurer de cette particularité, dit M. Baillon, j'ai mis la même ruse en usage; j'ai battu, dans le blé vert et dans le jardin, la terre avec le pied, pendant peu de temps, et j'ai vu les vers en sortir; j'ai enfoncé un pieu, que j'ai ensuite tourné en tout sens

LE VANNEAU.

pour ébranler la terre; ce moyen réusissait encore plus vite; les vers sortaient en foule, même à une toise du pieu. » Le soir venu, les vanneaux emploient un autre manége; ils courent dans l'herbe et sentent sous leurs pieds les vers qui sortent à la fraîcheur; ils en font ainsi une ample pâture, et vont ensuite se laver le bec et les pieds dans les petites mares ou dans les ruisseaux.

La femelle couve ses petits avec la plus grande assiduité; les ruses qu'elle emploie pour éloigner de son nid les chasseurs et les chiens, sont extrêmement amusantes. Elle n'attend pas l'arrivée de l'ennemi, mais va hardiment à sa rencontre; lorsque les chiens sont près d'elle, elle fuit d'un vol pesant, en criant comme si elle était blessée, afin de faire durer leur poursuite par l'espoir de l'atteindre facilement, jusqu'à ce que, les ayant tout-à-fait éloignés du lieu où est son nid, elle s'envole, en les laissant étonnés de la rapidité de sa fuite.

L'anecdote suivante, communiquée à M. Bervick par M. Carlyle, prouve la disposition du vanneau à se familiariser, et l'art avec lequel il sait se concilier l'amitié d'animaux d'une nature essentiellement différente de la sienne et généralement regardés comme les ennemis de toute espèce d'oiseau. On donna deux vanneaux à un ecclésiastique qui les mit dans son jardin: l'un mourut bientôt; mais l'autre vécut d'insectes qu'il trouvait abondamment, jusqu'à ce que l'hiver vînt l'en priver. La nécessité le contraignit de s'approcher de la maison, et il s'accoutuma peu à peu aux différens bruits qui s'en faisaient entendre; à la fin, un domestique, ayant entendu son petit cri qui semblait demander l'hospitalité, lui ouvrit la porte de l'arrière-cuisine. Il devint en peu de temps beaucoup plus familier, et le froid se faisant sentir davantage, il pénétra jusque dans la cuisine, non pas sans de grandes précautions, car elle était ordinairement habitée par un chien et un chat; mais il parvint à s'attirer leur affection, au point de venir régulièrement chaque soir s'établir au coin du feu et d'y passer la nuit à côté d'eux. Aussitôt que le printemps parut, il discontinua ses visites et resta dans le jardin; mais, à l'approche de l'hiver, il revenait toujours se réfugier dans la cuisine et retrouver ses anciens amis qui le recevaient cordialement. Il poussait la familiarité jusqu'à l'insolence; il s'arrogea, sans réserve, les droits qu'il s'était d'abord acquis avec timidité. Il s'amusait souvent à se baigner dans le vase rempli d'eau où le chien buvait, et, si celui-ci venait l'interrompre, il témoignait la plus vive indignation. Il mourut dans l'asile qu'il avait choisi, étranglé par quelque chose qu'il avait ramassé sur le plancher avec son bec.

LE FLAMMANT.

Quoique le flammant ait les pieds palmés comme ceux de l'oie, la hauteur de sa taille, sa figure et ses appétits le rangent dans la classe de la grue. Il a les jambes et le cou plus long qu'aucun oiseau de cette espèce : il cherche sa nourriture en marchant dans les eaux basses, et ne diffère de la race entière de la grue que par la manière de saisir sa proie. Le héron fait usage de ses ongles, mais ceux du flam-

LE FLAMMANT.

mant, faibles et palmés, lui sont inutiles dans cette occasion, et il n'emploie que son bec, qui est fort et crochu.

Cet oiseau est le plus remarquable de la race de la grue, non seulement par sa haute taille, mais parce qu'il en est le plus gros et le plus beau. Le corps, d'une belle couleur écarlate, est de la grosseur de celui d'un cygne; mais ses jambes et son cou sont d'une longueur si extraordinaire, que, lorsqu'il se tient debout, il a plus de six pieds de haut. Il a cinq pieds six pouces d'envergure et quatre pieds huit pouces depuis le bec jusqu'à la queue. La tête est petite et ronde; le bec large, long de sept pouces, moitié rouge, moitié noir, et courbé comme un arc. Les jambes et les cuisses ne sont pas beaucoup plus grosses que le doigt d'un homme, et ont deux pieds huit pouces de hauteur. Le cou a près de trois pieds de long. Les pieds, comme on l'a déjà dit, ne sont point armés d'ongles aigus, comme ceux de la grue, mais faibles et unis par des membranes, comme ceux de l'oie. On ne sait point de quel usage peuvent être ces membranes, car on ne voit jamais l'oiseau nager, la longueur de ses jambes lui permettant d'entrer assez avant dans l'eau pour y chercher sa proie.

Cet oiseau était autrefois en grande abondance sur toutes les côtes de l'Europe; mais on ne le trouve maintenant que dans les parties désertes de l'Amérique, où il s'est mis à l'abri des poursuites de l'homme, que sa beauté et la délicatesse de sa chair ont tenté. Néanmoins on en voit un grand nombre dans plusieurs villages des côtes de l'Afrique, où, par respect superstitieux, les nègres ne souffrent pas qu'on en tue un seul; ils les laissent paisiblement s'établir jusqu'au milieu de leurs habitations, sans être importunés de leurs cris, qui sont pourtant si bruyans, qu'on peut les entendre d'un quart de lieue. Les Français, en ayant tué quelques-uns dans cet asile, furent forcés de les cacher sous l'herbe, de peur qu'il ne prît envie aux nègres de venger sur eux la mort d'un oiseau si révéré.

La nourriture principale des flammans consiste en petits poissons et en insectes aquatiques : ils les cherchent dans la vase, en y plongeant le bec et une partie de la tête, et remuent de temps en temps le fond avec leurs pieds pour amener leur proie avec le limon. Ils tournent leur cou d'une manière si singulière, qu'il n'y a que la mandibule supérieure de leur bec qui touche la terre. Dans cette situation, ils saisissent chaque poisson ou insecte qui vient s'offrir à eux, et que les dentelures dont leur bec est armé leur aident à retenir.

L'époque à laquelle ces oiseaux couvent varie selon le climat où ils résident. Ils bâtissent leur nid dans les marais, en choisissant ceux où ils ne puissent pas craindre d'être surpris. Ce nid n'est pas moins curieux que l'animal qui le forme; il ressemble à un cône tronqué, composé de terre grasse élevée au-dessus de l'eau d'environ un pied et demi; le fondement de cette éminence est large et conduit toujours en diminuant jusqu'au sommet où les oiseaux laissent pour pondre un petit trou, qui n'est recouvert d'aucun lit de plumes ni d'herbes. Lorsqu'ils couvent, ils se tiennent debout, non sur l'éminence, mais tout auprès, les jambes à terre et dans l'eau, se reposant contre leur monceau de terre, et couvrant leur nid de leur queue. Ils ne pondent jamais que deux œufs blancs.

Les premiers Européens qui aperçurent des flammans sur les côtes d'Afrique, crurent que ces oiseaux étaient stupides, parce qu'ayant tiré sur eux à coups de fusil, ils

LE CYGNE.

en tuèrent un grand nombre, sans que le reste songeât à fuir pour échapper au même danger; l'expérience fit voir que cette immobilité n'était causée que par l'épouvante et l'étonnement d'un moyen de destruction nouveau pour eux, car il n'y a pas à présent d'oiseaux plus sauvages et plus difficiles à approcher.

LE CYGNE.

Cet oiseau est si différent sur la terre ou dans l'eau, qu'on peut à peine croire qu'il soit le même; hors de son élément favori, ses mouvemens sont gauches et lourds, et son cou est tendu en avant d'une manière stupide; mais lorsqu'il vogue doucement sur l'eau, il offre aux yeux charmés un des plus beaux ouvrages de la nature; on ne peut se lasser d'admirer ses formes arrondies, l'élégance, le moelleux de ses contours, et la grâce qu'il déploye dans chacune de ses attitudes. Il nage plus vite qu'un homme ne saurait marcher.

Cet oiseau a été soumis depuis si longtemps à l'état de domesticité, qu'on doute maintenant dans quel lieu on en pourrait trouver un de l'espèce qu'on apprivoise qui soit demeuré dans l'état sauvage. Le plumage du cygne est entièrement blanc, et il pèse ordinairement vingt livres. Quoique la trachée-artère soit suspendue entre les poumons, comme à l'ordinaire, cet oiseau est le plus silencieux de tous; il ne peut faire entendre qu'un sifflement lorsqu'il est provoqué. Sous ce rapport, il est très différent du cygne sauvage qui, en volant ou en appelant, pousse un cri fort et aigu qui n'est pas très-désagréable lorsqu'il parvient à l'oreille du haut des airs, et modulé par les vents. Les anciens ont eu l'idée fabuleuse d'attribuer à cet oiseau le don de la mélodie : suivant Pythagore, l'âme des poètes passait dans le corps des cygnes, et conservait le pouvoir de l'harmonie, qu'ils avaient possédé sur la terre ; le vulgaire prit pour une réalité ce qui n'était qu'une allégorie ingénieuse. Le même disait encore que le chant du cygne mourant était un chant de joie, par lequel cet oiseau se félicitait de passer à une meilleure vie : c'est d'après cela que les dernières productions des écrivains, les derniers discours d'un orateur, ainsi que les dernières paroles de tout homme de bien avant de quitter ce bas monde, sont nommés le chant du cygne.

Cet oiseau habite les pays septentrionaux; il se nourrit d'herbes aquatiques, de graines et de racines qu'il trouve sur le rivage. Le mâle et la femelle travaillent tous deux avec assiduité à leur nid, qui est composé de plantes aquatiques, d'herbes et de petites branches d'arbres. Cette dernière pond sept à huit œufs, en mettant un jour d'intervalle entre chaque : ces œufs sont blancs, plus gros que ceux de l'oie; la coque en est épaisse, et quelquefois remplie de tubercules. La femelle les couve pendant soixante jours environ. Les petits, en naissant, sont couverts d'un duvet gris ou jaunâtre, qu'ils conservent encore plusieurs mois. Lorsque le père et la mère sont entourés de leur famille, il est assez dangereux de les approcher : soit crainte, soit orgueil, ils s'alarment promptement, et, lorsque leurs petits sont en danger, ils les portent sur leur dos.

Le docteur Latham dit qu'il a connu deux cygnes femelles qui vécurent pendant trois ou quatre ans en société, et de la meilleure intelligence; elles faisaient chacune une ponte par an, et produisaient à elles deux une douzaine de petits qu'elles soignaient tour à tour, sans jamais se quereller. Au bout d'un an, les jeunes cygnes changent de couleur et de plumage. Cet oiseau parvient à sa maturité par des gradations extrêmement lentes; il demeure deux mois dans la coquille, un an à se développer entièrement; et si, suivant les observations de Pline, de Buffon et d'autres naturalistes, la durée de la vie des animaux répond à celle de leur accroissement, aucun ne doit vivre plus long-temps que le cygne, puisque de tous les oiseaux connus c'est celui qui sort le plus tard de sa coquille. Il est en effet remarquable par sa longévité. Willonghby, ayant vu une oie qui, par preuve certaine, avait vécu cent ans, n'hésite pas à conclure de cet exemple que la vie du cygne peut et doit être plus longue, puisqu'il est plus grand et que sa chair est plus ferme. Cet oiseau est très-fort, et devient quelquefois intrépide. Une femelle qui couvait, ayant aperçu un renard qui nageait vers elle, courut à lui sur-le-champ, et, après l'avoir long-temps fatigué de coups d'ailes, finit par le plonger dans l'eau et le noyer. Ceci se passa à Pensy, en Buckingamshire, en présence de plusieurs personnes.

Les cygnes étaient autrefois très-estimés en Angleterre. Par un acte d'Édouard IV, personne, à l'exception du fils du roi, n'avait la permission de garder de cygne, et un emprisonnement d'un an et un jour était la punition de celui qui dérobait leurs œufs: on en voit une multitude sur la Tamise, où ils sont considérés comme propriété royale. A Paris, nous en voyons sur les bassins de tous les jardins royaux. Dans *les*

Animaux célèbres, l'auteur de ce recueil dit : « J'ai vu, un jour, dans le jardin du château des Tuileries, une scène qui amusa beaucoup la foule des promeneurs. Des enfans donnaient à manger aux cygnes; un petit espiègle appela le mâle qui accourut d'autant plus vite à sa voix qu'il lui voyait un beau gâteau entre les mains. Au lieu de lui donner de son gâteau, l'enfant s'amusa à l'agacer avec son chapeau. L'oiseau se reculait chaque fois qu'on cherchait à l'atteindre, et il se rapprochait aussitôt, dans l'espoir d'obtenir à la fin sa part du gâteau. Ce manége dura quelque temps; mais, voyant qu'on mangeait tout sans lui rien donner, le cygne s'empara du chapeau de l'enfant, et se promena en le portant d'un air triomphant; puis, après avoir fait le tour du bassin, il alla déposer ce trophée dans sa cabane. On pense combien les spectateurs rirent aux dépens du petit espiègle.

L'OIE.

Cet oiseau a le bec gros et élevé, couleur de chair, teint de jaune. La tête et le cou sont cendrés; la poitrine et le ventre blanchâtres, nuancés de gris, ainsi que le dos; et les jambes, couleur de chair. Les oies sauvages se trouvent dans les plaines et les marais de la baie d'Hudson, dans l'Amérique septentrionale. Leur vol est très-élevé, et leur voyage se fait dans un ordre qui suppose des combinaisons. Si ces oiseaux

L'OIE.

sont en grand nombre, ils se rangent en deux lignes obliques formant un angle, ou si la bande est petite, elle ne forme qu'une seule ligne; chacun y garde sa place avec une justesse admirable. Le chef, qui est à la pointe de l'angle et fend l'air le premier, va se reposer au dernier rang, lorsqu'il est fatigué, et tour à tour les autres prennent la première place.

L'oie privée n'est autre chose que l'oie sauvage dans l'état de domesticité; elle est très-utile dans l'économie rurale; indépendamment de la bonne qualité de sa chair et de sa graisse, elle fournit d'excellentes plumes et un duvet très-fin, dont on la dépouille plus d'une fois l'année; dès que les jeunes oisons sont forts et bien emplumés, et que les pennes des ailes commencent à se croiser sur la queue, ce qui arrive à sept semaines ou deux mois d'âge, on commence à les plumer sous le ventre, sous les ailes et sous le cou. On ne plume les mères qu'un mois ou six semaines après qu'elles ont couvé. On dit que ces oiseaux souffrent peu de cette opération, excepté au temps froid, ce qui en fait mourir alors un grand nombre.

Quoique la démarche gauche et la mauvaise grâce de l'oie aient fait donner ce nom aux gens sots et niais, elle ne manque point de sentiment ni d'intelligence. Le courage avec lequel elle défend sa couvée et se défend elle-même contre l'oiseau de proie, et certains traits d'attachement, de reconnaissance que les anciens avaient recueillis, prouvent que le mépris qu'on a généralement pour elle est mal fondé. On sait que les oies du Capitole sauvèrent Rome de l'invasion des Gaulois. L'anecdote suivante, communiquée à M. de Buffon par un homme véridique, fait encore honneur au caractère de l'oie.

Nous donnons ce récit dans le style naïf du concierge de Ris, où s'est passée la scène de cette amitié si fidèle. « Il y avait, dans la basse-cour, deux oies mâles, un gris et un blanc (nommé Jacquot), avec trois femelles; c'était toujours querelle entre les deux mâles à qui aurait la compagnie de ces trois dames; quand l'un ou l'autre s'en était emparé, il se mettait à leur tête, et empêchait que l'autre n'en approchât. Celui qui s'en était rendu le maître dans la nuit, ne voulait pas les céder le matin; enfin les deux galans en vinrent à des combats si furieux, qu'il fallut y courir. Un jour entr'autres, attiré au fond du jardin par leurs cris, je les trouvai leurs cous entrelacés, se donnant des coups d'ailes avec une rapidité et une force étonnante; les trois femelles tournaient autour, comme voulant les séparer, mais inutilement; enfin, le mâle blanc eut du dessous, se trouva renversé et était très-maltraité par l'autre; je les séparai, heureusement pour le blanc qui y aurait perdu la vie. Alors le gris se mit à crier, à chanter et à battre des ailes, en courant rejoindre ses compagnes, en leur faisant tour à tour un ramage bruyant, auquel répondaient les trois dames, qui vinrent se ranger autour de lui. Pendant ce temps-là, le pauvre Jacquot faisait pitié, et, se retirant tristement, jetait de loin des cris de condoléance. Il fut plusieurs jours à se rétablir, durant lesquels j'eus occasion de passer par les cours où il se tenait. Je le voyais toujours exclu de la société, et, à chaque fois que je passais, il me venait faire des harangues, sans doute pour me remercier du secours que je lui avais donné dans sa grande affaire. Un jour, il s'approcha si près de moi et me marqua tant d'amitié, que je ne pus m'empêcher de le caresser en lui passant la main sur le cou et sur le dos, à quoi il parut être si sensible, qu'il me suivit jusqu'à l'issue des cours. Le lendemain, je repassai, et il ne manqua pas de courir à moi; je lui fis la même caresse, dont il ne se rassasiait pas : il semblait, par ses manières, me demander de le conduire près de ses chères amies; je l'y conduisis en effet. En arrivant, il commença sa harangue et l'adressa aux trois dames, qui ne manquèrent pas d'y répondre. Aussitôt le conquérant gris sauta sur Jacquot; je les laissai faire pour un moment, il était toujours le plus fort; enfin je pris le parti de mon Jacquot, je le mis dessus, il revint dessous, je le remis dessus, de manière qu'ils se battirent onze minutes, et, par le secours que je lui portai, il devint vainqueur du gris et s'empara des trois demoiselles. Quand l'ami Jacquot se vit le maître, il n'osait plus quitter ses demoiselles, et par conséquent il ne venait plus à moi quand je passais; il me donnait seulement de loin des marques d'amitié, en criant et en battant des ailes, mais ne quittant pas sa proie, de peur que l'autre ne s'en emparât. Le temps se passa ainsi jusqu'à celui de l'incubation, qu'il ne me parlait toujours que de loin; mais, quand ses femmes se mirent à couver, il les laissa et redoubla d'amitié pour moi. Un jour, m'ayant suivi jusqu'à la glacière tout au haut du parc, qui était l'endroit où il fallait le quitter, poursuivant une route pour aller au bois d'Orangis, à une demi-lieue de là, je l'enfermai dans le parc; il ne se vit pas plus tôt séparé de moi, qu'il jeta des cris étranges. Je suivais cependant mon chemin, et j'étais environ au tiers de la route des bois, quand le bruit d'un gros vol me fit tourner la tête; je vis mon Jacquot qui s'abattit à quatre pas de moi; il me suivit dans tout le chemin, partie à pied, partie au vol, me devançant souvent et s'arrêtant aux croisières des chemins pour voir celui que je voulais prendre : notre voyage dura ainsi depuis dix heures du matin jusqu'à huit heures du soir, sans que mon compagnon eût manqué de me suivre dans tous les détours du bois et sans qu'il eût paru fatigué. Dès-lors il me suivit et m'accompagna partout, au point d'en devenir importun, ne pouvant aller en aucun endroit qu'il ne fût sur mes pas, jusqu'à venir un jour me trouver dans l'église. Une autre fois, comme il me cherchait dans le village, en passant devant la croisée de M. le curé, il m'entendit parler dans sa chambre, et, trouvant la porte de la cour ouverte, il entre, monte l'escalier, et, en entrant, fait un cri de joie qui fit grand peur à M. le curé. Je m'afflige en vous contant de si beaux traits de mon bon et fidèle ami Jacquot, quand je pense que c'est moi qui ai rompu le premier une si belle amitié; mais il a fallu m'en séparer par la force. Le pauvre Jacquot croyait être libre dans les appartemens les plus honnêtes comme dans le sien, et, après plusieurs accidens de ce genre, on me l'enferma et je ne le vis plus. Mais son inquiétude a duré plus d'un an, et il en a perdu la vie de chagrin; il est devenu sec comme un morceau de bois, suivant ce que l'on m'a dit; car je n'ai pas voulu le voir, et l'on m'a caché sa mort pendant plus de deux mois. S'il fallait répéter tous les traits d'amitié que ce pauvre Jacquot m'a donnés, je ne finirais pas de quatre jours. Il est mort dans la troisième année de son règne d'amitié, à l'âge de sept ans et deux mois. »

LE PÉLICAN

LE PÉLICAN.

Ces oiseaux vivent en société, et sont généralement connus pour leur extrême voracité. Le pélican blanc, qui est l'espèce la plus remarquable, est beaucoup plus gros que le cygne. Le plumage est entièrement blanc, légèrement teint de rouge pâle, à l'exception de quelques plumes des ailes qui sont noires; les plumes du cou ne sont qu'un duvet court; celles de la nuque, plus allongées, forment une espèce de crête ou de petite huppe; la tête est aplatie par les côtés; les yeux sont petits et placés dans deux larges joues nues; le bec a environ seize pouces de long; ses couleurs sont du jaune et du rouge pâle sur un fond gris, avec des traits de rouge vif sur le milieu et vers l'extrémité; ce bec est aplati en dessus comme une large lame relevée d'une arête sur sa longueur, et se terminant par une pointe en croc; le dedans de cette lame, qui fait la mandibule supérieure, présente cinq nervures saillantes, dont les deux extérieures forment des bords tranchans; la mandibule inférieure ne consiste qu'en deux branches flexibles qui se prêtent à l'extension d'une poche membraneuse qui leur est attachée, et qui pend au-dessous comme un sac en forme de nasse; cette poche peut contenir plus de vingt pintes de liquide; la langue est si petite, qu'on a peine à la distinguer; les jambes sont couleur de plomb, et les ongles gris.

Le sac, attaché à la mandibule inférieure du bec du pélican, est une des constructions les plus singulières qu'on puisse trouver dans aucun animal. Quoique sa dimension paraisse petite, lorsqu'il est vide et que les peaux qui le forment se sont resserrées en se plissant, il est susceptible de s'élargir extraordinairement, et la quantité de poisson que l'oiseau y fait tenir est incroyable. Cette poche est, dit-on, assez grande pour que la tête d'un homme y entre facilement; on assure même que la jambe d'un homme pourrait y être entièrement cachée : on se sert de ces poches de pélican comme de vessies pour enfermer le tabac à fumer. On prétend que ces peaux préparées sont plus belles et plus douces que des peaux d'agneaux; quelques marins s'en font des bonnets; les Siamois en filent des cordes d'instrumens, et les pêcheurs du Nil se servent du sac, encore attaché à la mâchoire, pour en faire des vases propres à rejeter l'eau de leurs bateaux, ou pour en contenir et garder; car cette peau ne se pénètre ni ne se corrompt par son séjour dans l'eau.

Les anciens, toujours passionnés pour le merveilleux, frappés peut-être de la figure extraordinaire du pélican, le représentaient comme l'emblême le plus touchant de la tendresse paternelle, se déchirant le sein pour nourrir de son sang sa famille languissante; mais cette fable, que les Égyptiens racontaient déjà du vautour, ne devait pas s'appliquer au pélican, qui vit dans l'abondance, et auquel la nature a donné, de plus qu'aux autres oiseaux pêcheurs, une grande poche dans laquelle il porte et met en réserve l'ample provision du produit de sa pêche.

Le P. Labat, qui paraît avoir étudié les mœurs de cet oiseau avec une grande attention, donne le détail suivant de la manière dont il vit en Amérique, où il a été trouvé : « Le pélican, dit-il, a de fortes ailes, couvertes de plumes épaisses et d'une couleur cendrée, ainsi que celles de tout le corps; les yeux sont très-petits, en comparaison de la grosseur de sa tête; son air et son maintien sont mélancoliques. Il est aussi indolent dans ses mouvemens, que le flammant est vif et animé. Il a de la peine à prendre son essort, et vole avec difficulté; la paresse de cet oiseau est si grande, que la faim peut seule l'engager à changer de place.

« Les pélicans prennent, pour pêcher, les heures du matin et du soir, où le poisson est le plus en mouvement, et choisissent les lieux où il abonde le plus. On les voit s'élever à trente ou quarante pieds au-dessus de la mer, s'y balancer jusqu'à ce qu'ayant aperçu un poisson, ils tombent d'aplomb sur leur proie, qui ne peut échaper, car la violence du choc et la grande étendue des ailes, qui frappent et couvrent la surface de l'eau, la font bouillonner, tournoyer, et étourdissent en même temps le poisson, qui dès lors ne peut fuir; ensuite, se relevant avec effort pour retomber de nouveau, ils continuent ce manége jusqu'à ce que leur large besace soit entièrement remplie, et vont alors manger et digérer à l'aise sur quelques pointes de rochers. Il paraît néanmoins que leur digestion n'est pas lente, puisqu'ils font ordinairement deux pêches par jour. Le soir, ils s'éloignent un peu du rivage, et se perchent sur les arbres pour y passer la nuit, malgré leur pesanteur et leurs pieds larges et palmés comme ceux de l'oie. »

Le pélican pêche en eau douce comme en mer : et dès lors on ne doit pas être surpris de le trouver sur les grandes rivieres; mais il est singulier qu'il ne s'en tienne pas aux terres basses et humides, arrosées par de grandes rivières, et qu'il fréquente aussi les pays les plus secs, comme l'Arabie et la Perse, où il est connu sous le nom de porteur d'eau, *tacab* : on a trouvé que, comme il est obligé d'éloigner son nid des eaux trop fréquentées par les caravanes, il porte de très-loin de l'eau douce dans son sac à ses petits. Les bons Musulmans disent très-religieusement que Dieu a ordonné à cet oiseau de fréquenter les déserts, pour abreuver au besoin les pèlerins qui vont à la Mecque, comme autrefois il envoya le corbeau qui nourrit Élie dans la solitude : aussi les Égyptiens, en faisant allusion à la manière dont ce grand oiseau garde de l'eau dans sa poche, l'ont surnommé *le chameau de la rivière*.

La femelle nourrit ses petits avec du poisson, après l'avoir laissé macérer quelque temps dans sa poche. Le P. Labat, ayant pris deux jeunes pélicans, les attacha par les pieds à un piquet planté dans la terre. « J'eus le plaisir, dit-il, pendant plusieurs jours, de voir leur mère qui les nourrissait, et qui demeurait tout le jour avec eux, passant la nuit sur une branche au-dessus de leur tête; ils étaient devenus tous les trois si familiers, qu'ils souffraient que je les touchasse, et les jeunes prenaient les petits poissons que je leur présentais, qu'ils mettaient d'abord dans leur sac, et qu'ils avalaient ensuite à loisir. Je crois que je me serais déterminé à les emporter, si leur malpropreté ne m'en avait empêché; ils sont plus sales que les oies et les canards, et on peut dire que toute leur vie est partagée en trois temps : chercher leur nourriture, dormir, et faire à tous momens des tas d'ordures larges comme la main. »

Claviger, dans son *Histoire du Mexique*,

raconte que plusieurs Américains, dans le dessein de se procurer du poisson sans se donner la peine de le pêcher, eurent la cruauté de casser une aile à un jeune pélican, et, après avoir attaché l'oiseau à un arbre, se cachèrent à une petite distance. Les cris de la malheureuse victime ayant attiré quelques pélicans dans cet endroit, ils se déchargèrent d'une partie des provisions renfermées dans leur poche, pour nourrir leur infortuné compagnon; les hommes, étant accourus sur-le-champ, en laissèrent une petite quantité pour l'oiseau malade et emportèrent le reste.

Ce gros oiseau paraît susceptible de quelque éducation. Labat raconte que des sauvages avaient dressé un pélican qu'ils envoyaient le matin à la pêche, et qui revenait le soir le sac plein de poisson qu'ils lui faisaient dégorger : de même lorsque cet oiseau veut donner à manger à ses petits, il retire de ce sac les poissons qu'il y tient en réserve, et il les coupe en morceaux; alors le sang de ces poissons se répand sur son estomac, et c'est cet acte très-naturel qui peut avoir donné lieu à la fable si généralement répandue, que le pélican s'ouvre la poitrine pour nourrir ses petits de sa propre substance.

Rzaczynski parle d'un pélican nourri pendant quarante ans à la cour du duc de Bavière, qui se plaisait beaucoup en compagnie et paraissait prendre un plaisir singulier à entendre de la musique. M. de Saint-Pierre a vu un pélican de la plus grande taille, qui jouait familièrement avec un gros chien, et s'amusait à lui prendre la tête et à la cacher dans son énorme poche. Gesner raconte l'histoire fameuse de ce pélican qui suivait l'empereur Maximilien, volant sur l'armée quand elle était en marche, et s'élevant quelquefois si haut, qu'il ne paraissait plus que comme une hirondelle, quoiqu'il eût quinze pieds d'un bout des ailes à l'autre; il vécut quatre-vingts ans, et dans sa vieillesse il était nourri, par ordre de l'empereur, à quatre écus par jour.

Dans le recueil des *Animaux célèbres*, publié en 1813, il est dit : « On voit présentement à Paris, sur le boulevard du Temple, un pélican apprivoisé qui est très-doux et très-familier avec tout le monde; il fait le tour du cercle, et il bat des ailes au commandement de son maître, pour saluer la compagnie. Il est très-plaisant de le voir se disputer avec un gros singe, son compagnon, pour avoir le poisson qui sert à sa nourriture. »

LE CORMORAN.

Le nom de cet oiseau se prononçait autrefois cormarin, et vient de corbeau marin ou corbeau de mer; les Grecs appelaient ce même oiseau *corbeau chauve;* cependant il n'a rien de commun avec le corbeau que son plumage noir, qui même diffère de celui du corbeau, en ce qu'il est duveté et d'un noir moins foncé.

Le cormoran est un assez grand oiseau, à pieds palmés, aussi bon plongeur que nageur, et grand destructeur de poisson; il est à peu près de la grandeur de l'oie, mais d'une taille moins fournie, plutôt mince qu'épaisse, et allongée par une grande queue plus étalée que ne l'est communément celle des oiseaux d'eau; cette queue

LE CORMORAN.

est composée de quatorze plumes roides, comme celles de la queue du pic; elles sont, ainsi que presque tout le plumage, d'un noir lustré de vert; le manteau est ondé de festons noirs sur un fond brun; mais ces nuances varient dans différens individus : tous ont deux taches blanches au côté extérieur des jambes, avec une gorgerette blanche qui ceint le haut du cou en mentonnière, et il y a des crins blancs, pareils à des soies, hérissés sur le haut du cou et le dessus de la tête, dont le devant et les côtés sont chauves; une peau également nue garnit le dessous du bec, qui est droit jusqu'à la pointe, où il se recourbe fortement en un croc très-aigu.

Cet oiseau est du petit nombre de ceux qui ont les quatre doigts assujétis et liés ensemble par une membrane d'une seule pièce, et dont le pied, muni de cette large rame, semblerait indiquer qu'il est très-grand nageur; cependant il reste moins dans l'eau que plusieurs autres oiseaux aquatiques, dont la palme n'est ni aussi continue, ni aussi élargie que la sienne; il prend fréquemment son essor et se perche sur les arbres. Malgré sa pesanteur apparente, le cormoran a le vol hardi et soutenu. Sa voracité est étonnante; son appétit, toujours renaissant, est probablement excité par la quantité de petits vers dont ses intestins sont remplis, et que son insatiable gloutonnerie contribue à engendrer.

Cet oiseau est d'une telle adresse à pêcher, que, quand il se jette sur un étang, il y fait seul plus de dégât qu'une troupe entière d'autres oiseaux pêcheurs : heureusement il se tient presque toujours au bord de la mer, et il est rare de le trouver dans les contrées qui en sont éloignées. Comme il peut rester long-temps plongé et qu'il nage sous l'eau avec la rapidité d'un trait, sa proie ne lui échappe guère, et il revient presque toujours sur l'eau avec un poisson en travers de son bec : pour l'avaler, il fait un singulier manége; il jette en l'air son poisson et il a l'adresse de le recevoir la tête la première, de manière que les nageoires se couchent au passage du gosier, tandis que la peau membraneuse, qui garnit le dessous du bec, prête et s'étend autant qu'il est nécessaire pour admettre et laisser passer le corps entier du poisson, qui souvent est fort gros en comparaison du cou de l'oiseau.

Au Groënland, où les cormorans sont très-communs, ils se tiennent sur les rocs entourés et déchirés par les vagues; ils y restent pendant toute l'année et y établissent leur nid, toujours au sommet des rochers, à la manière des corbeaux : leur ponte est au moins de trois œufs, de la grosseur de ceux de l'oie, teints d'un vert pâle, et dont l'intérieur a une si mauvaise odeur, que les Groënlandais, gens peu délicats, peuvent à peine les manger. Ces oiseaux vivent en bandes paisibles dans des lieux pour l'ordinaire inaccessibles aux hommes; ils se reposent et dorment en commun, la tête cachée sous l'aile; mais, lorsque reveillés par quelque bruit, ils dressent leur long cou, ils paraissent de loin comme une troupe d'enfans immobiles.

Autrefois, en Angleterre, on mettait à profit les talens du cormoran pour la pêche, et on en avait fait, pour ainsi dire, un pêcheur domestique. A la Chine, on l'élève à cette intention; un pêcheur possède quelquefois une centaine de ces oiseaux; il en prend quelques-uns avec lui dans sa barque, et, arrivé à l'endroit du lac qu'il croit le mieux fourni en poissons, il les envoie pêcher chacun de leur côté. C'est un spectacle divertissant de voir ces oiseaux plonger dans l'eau, s'élever cent fois à la surface, jusqu'à ce qu'ayant saisi un poisson, ils le portent à leur maître; si le poisson est trop gros pour qu'un seul cormoran puisse le prendre dans son bec, ils se prêtent une mutuelle assistance; l'un le prend par la tête, l'autre par la queue, et ils le portent ainsi en triomphe. Ils ont toujours un anneau passé autour du cou, ce qui les empêche d'avaler leur proie : le maître ne le leur retire, que lorsqu'il juge à propos de les laisser pêcher pour leur propre compte.

Sonini rapporte quelques détails intéressans sur les cormorans, tirés d'un ouvrage hollandais : « Ils arrivent en Hollande, dit-il, vers la fin de février et dans les premiers jours de mars; l'on croit qu'ils viennent d'Islande; ils y restent jusqu'au mois de novembre. Ces oiseaux faisaient autrefois leur nid et leur ponte dans l'épaisse forêt de Sevenhuis : ils ont disparu avec les arbres antiques qui l'ombrageaient, et l'on a été long-temps avant de découvrir leur nouvelle retraite. Ils l'ont établie dans un de ces terrains d'abord abandonnés par la mer, qu'elle a reconquis ensuite en rompant ses digues, et qu'en Hollande on appelle *polders;* celui-ci se distingue par le nom d'*Yssel-Meer,* parce qu'il faisait autrefois partie de l'Yssel; un fossé l'entoure, et l'entrée en est interdite à tout autre qu'au fermier. C'est d'ailleurs un endroit où il serait dangereux de pénétrer, pour quiconque ne le connaît pas, à cause des fondrières profondes recouvertes par des herbes aquatiques : c'est là où une horde innombrable de cormorans a fixé son rendez-vous général pour y passer les nuits et se propager. Leurs nids sont posés sur le sol, qui n'a, comme je viens de le dire, aucune solidité, et qui n'est qu'un tissu fangeux de touffes de joncs et de roseaux entrecoupés par de l'eau, et formant çà et là des éminences comme autant de petites îles : ces nids s'exhaussent d'années en années, et les fientes des cormorans couvrent la surface des joncs, de sorte que ce polder a de loin un aspect singulier.

« Au premier abord, dit l'observateur, je crus que c'était un canton découvert qui avait été un bocage, et dont on avait coupé les arbres à un pied ou un pied et demi de terre; mais ce que j'avais pris pour le reste des troncs d'arbres était bien réellement une multitude de nids tous occupés : ce spectacle, pris dans son ensemble, est un des faits les plus curieux de l'histoire naturelle de nos pays, et un naturaliste ne peut regretter ses pas pour le considérer. »

Le fermier de ce terrain couvert de nids ne trouble point les oiseaux qui les construisent; mais, dans le temps de la ponte, il se fait un revenu de la vente des œufs; les boulangers les recherchent, parce qu'ils prétendent que leur emploi donne de la qualité au biscuit de mer. Lorsque les jeunes cormorans sont un peu grands, le même fermier en tue quelques centaines qu'il distribue aux pauvres de son voisinage.

Il est difficile de se faire une idée du nombre des cormorans rassemblés à Yssel-Meer; il est vraiment effrayant. Ils quittent chaque jour leur repaire et volent à quelques milles de distance, se dispersant et se partageant, pour ainsi dire, les eaux du pays; les uns se jettent sur la mer de Harlem, d'autres sur le Wael, le Lek, la Meuse ou l'Yssel, et d'autres sur les étangs et les marais : mais un fait digne de remarque, c'est qu'ils ne touchent jamais aux poissons des eaux qui sont à portée de leur habitation, et les pêcheurs des environs assurent qu'ils ne reçoivent aucun dommage de ces redoutables voisins.

CHASSE AUX FOUS.

LE FOU.

Cet oiseau a une grande variété dans son espèce : nous ne parlerons ici que du grand fou et du fou de Bassan. Le grand fou est de la grosseur de l'oie, et il a six pieds d'envergure; son plumage est d'un brun foncé et semé de petites taches blanches sur la tête et de taches plus larges sur la poitrine et le dos; le ventre est d'un blanc terne; le mâle a les couleurs plus vives que la femelle. Cet oiseau se trouve sur les côtes de la Floride et sur les grandes rivières de cette contrée. « Il se submerge, dit Catesby, et reste un temps considérable sous l'eau, où j'imagine qu'il rencontre des requins ou d'autres grands poissons voraces, qui souvent l'estropient ou le dévorent; car plusieurs fois il m'est arrivé de trouver sur le rivage de ces oiseaux estropiés ou morts. »

Un individu de cette espèce fut pris dans les environs de la ville d'Eu, le 18 octobre 1772; surpris très-loin en mer par le gros temps, un coup de vent l'avait sans doute amené et jeté sur nos côtes; l'homme qui le trouva n'eut, pour s'en rendre maître, d'autre peine que celle de lui jeter son habit sur le corps. On le nourrit pendant quelque temps; les premiers jours, il ne voulait pas se baisser pour prendre le poisson qu'on mettait devant lui, et il fallait le présenter à la hauteur de son bec pour qu'il s'en saisît; il était toujours accroupi, et ne voulait pas marcher : mais peu après, s'accoutumant au séjour de la terre, il marcha, devint assez familier, et même se mit à suivre son maître avec importunité, en faisant entendre de temps en temps un cri aigre et rauque.

On rencontre l'autre espèce de fou aux îles de Feroë, aux îles Hébrides, en Islande, en Norwège, à la Caroline, etc.; mais ils sont surtout très-communs dans la petite île de Bass ou Bassan, qui n'est qu'un très-grand rocher dans le golfe d'Edimbourg : ils nichent une fois l'an et ne pondent qu'un œuf. Ils cherchent, pour placer leur nid, les endroits les plus inaccessibles et les rochers les plus escarpés; néanmoins les habitans des îles de Feroë savent les dénicher malgré le danger de cette opération. « J'ai moi-même été témoin, dit M. Horrebow, de la manière dont on s'y prend, et je dois avouer que je n'ai pu voir sans frémir avec quelle intrépidité des hommes y risquent leur vie; car il arrive quelquefois que plusieurs de ces chasseurs aux œufs tombent dans la mer ou dans les précipices sur lesquels ils sont obligés de se suspendre. On attache le plus solidement qu'on peut, au haut du rocher, une solive qui reste saillante le plus qu'il est possible; elle porte une poulie et une corde, au moyen desquelles un homme lié par le milieu du corps descend tout le long des rochers; il tient une longue perche armée d'un crochet de fer, pour s'accrocher aux rochers et se diriger à son gré; à un signal, les hommes qui sont sur le rocher retirent celui-ci, qui fait à chaque fois une récolte de cent ou deux cents œufs : la promenade se continue tant qu'on trouve des œufs, ou tant qu'il est possible de supporter cette suspension, qui devient très-fatigante. Pendant cette chasse, on voit les oiseaux s'envoler par milliers, en poussant des cris affreux. Les habitans des endroits où cette chasse est praticable, en retirent un grand bénéfice; car, outre les œufs, ils enlèvent aussi une grande quantité de jeunes oiseaux, dont les uns servent de nourriture, et les autres donnent beaucoup de plumes, qui se vendent aux négocians danois.

Dampier fait un récit curieux des hostilités de l'oiseau frégate, qu'il appelle le *guerrier,* contre les fous, qu'il nomme *boubies* (du mot anglais *booby*, sot, stupide), dans les îles Alcranes, sur la côte d'Yucatan. « La foule de ces oiseaux est si grande, dit-il, que je ne pouvais passer dans leur quartier sans être incommodé de leurs coups de bec; j'observai qu'ils étaient rangés par couple, ce qui me fit croire que c'était le mâle et la femelle..... Les ayant frappés, quelques-uns s'envolèrent, mais le plus grand nombre resta; ils ne s'envolaient point malgré les efforts que je faisais pour les y contraindre. Je remarquai aussi que les guerriers et les boubies laissaient toujours des gardes auprès de leurs petits, surtout dans le temps où les vieux allaient faire leur provision en mer : on voyait un assez grand nombre de guerriers malades ou estropiés, qui paraissaient hors d'état d'aller chercher de quoi se nourrir; ils ne demeuraient pas avec les oiseaux de leur espèce, et, soit qu'ils fussent exclus de la société, soit qu'ils s'en fussent séparés volontairement, ils étaient dispersés en divers endroits pour y trouver apparemment l'occasion de piller. J'en vis un jour plus de vingt sur une des îles, qui faisaient de temps en temps des sorties en pleine campagne pour enlever du butin, mais ils se retiraient presqu'aussitôt; celui qui surprenait une jeune boubie sans être en garde, lui donnait d'abord un grand coup de bec sur le dos pour lui faire rendre gorge, ce qu'elle faisait à l'instant; elle rendait un poisson ou deux de la grosseur du poignet, et le vieux guerrier l'avalait encore plus vite. Les guerriers vigoureux jouent le même tour aux vieilles boubies qu'ils trouvent en mer; j'en vis un qui vola droit contre une boubie, et, d'un coup de bec, lui fit rendre un poisson qu'elle venait d'avaler; le guerrier fondit si rapidement dessus, qu'il s'en saisit en l'air avant qu'il fût tombé dans l'eau. »

Catesby décrit différemment les combats du fou et de son ennemi, qu'il appelle le *pirate*. « Ce dernier, dit-il, ne vit que de la proie des autres, et surtout du fou; dès que le pirate s'aperçoit qu'il a pris un poisson, il vole avec fureur vers lui et l'oblige de se plonger sous l'eau pour se mettre en sûreté; le pirate, ne pouvant le suivre, plane sur l'eau jusqu'à ce que le fou ne puisse plus respirer; alors il l'attaque de nouveau; le fou, las et hors d'haleine, est obligé d'abandonner son poisson : il retourne ensuite à la pêche pour souffrir de nouveaux assauts de son infatigable ennemi. »

FIN.

A L'AIGLE, de l'Imprimerie de P. É. BRÉDIF.

A la Librairie pour la Jeunesse,
chez
BELLAVOINE, quai des Augustins, n° 37.